U0227573

人机工程学
Ergonomics

工业设计专业应用型人才培养规划教材

熊兴福　舒余安　编著

清华大学出版社

北京

内 容 简 介

本书是一部全面介绍人机工程学发展历程及其原理、方法和应用的教科书。书中融入了编著者几十年来从事人机工程学研究和教学的部分成果，重视人类自身发展理念的阐述，跟踪了本学科最新发展趋势。主要内容包括：人机工程学溯源、人体尺度与设计、人的视觉感知与设计、触觉感知与设计、人的运动系统与设计、人的行为（因素）与设计、人机工程学的未来展望。

本书除可作为工业设计专业、产品设计专业的教材外，还可选作视觉传达设计、环境设计等相关本科专业的教材或参考书，还可作为相关专业研究生、选修课的教材或参考书。

版权所有，侵权必究。举报：010-62782989，beiqinquan@tup.tsinghua.edu.cn。

图书在版编目 (CIP) 数据

人机工程学 / 熊兴福 , 舒余安编著 . -- 北京 : 清华大学出版社，2016（2023.1重印）
工业设计专业应用型人才培养规划教材
ISBN 978-7-302-43948-6

Ⅰ.①人⋯　Ⅱ.①熊⋯②舒⋯　Ⅲ.①人 - 机系统 – 高等学校 – 教材　Ⅳ.① TB18

中国版本图书馆 CIP 数据核字（2016）第 113435 号

责任编辑：冯　昕
封面设计：吴　洁
责任校对：赵丽敏
责任印制：宋　林

出版发行：清华大学出版社
　　　　网　　　址：http://www.tup.com.cn，http://www.wqbook.com
　　　　地　　　址：北京清华大学学研大厦 A 座　　　邮　　编：100084
　　　　社 总 机：010-83470000　　　　　　　　　邮　　购：010-62786544
　　　　投稿与读者服务：010-62776969，c-service@tup.tsinghua.edu.cn
　　　　质量反馈：010-62772015，zhiliang@tup.tsinghua.edu.cn
印 装 者：小森印刷霸州有限公司
经　　销：全国新华书店
开　　本：210mm×285mm　　　印　张：9.5　　　字　数：258 千字
版　　次：2016 年 7 月第 1 版　　　　　　　印　次：2023 年 1 月第 7 次印刷
定　　价：58.00 元

产品编号：060880-03

前　言

　　人机工程学是一门典型的交叉边缘性学科，它涵盖内容广，涉及学科门类众多，从其演进和发展历史来看，学科的目的就是让技术的发展围绕人的需求来展开，使产品及环境的设计更好地适应和满足人的生理和心理等特征，让人在工作中，休闲中更舒适、安全和健康。

　　本书主要针对高校工业设计专业、产品设计专业本科的教学需要，适当照顾相关的专业。本书围绕人、机、环境三要素，结合当前学科专业的发展趋势，既阐述了人机工程学溯源，强调自从有了人类以来，就有了简单的人机关系，又介绍了人机工程学最新发展趋势。触觉设计一章从人类自身发展角度，突出设计要更多地关怀人的触觉系统，使其自身功能不被退化。

　　全书共7章，第1章人机工程学溯源、第2章人体尺度与设计、第3章人的视觉感知与设计、第4章触觉感知与设计、第5章人的运动系统与设计、第6章人的行为（因素）与设计、第7章人机工程学的未来展望。

　　本书由南昌大学熊兴福、舒余安编写和统稿。研究生杨政之、张莹、韩跃飞、陈东、陈文静、余念、饶芳、李洪丹、田鑫、唐诗参与部分章节的编写及图例和资料搜集工作，南昌大学工业设计创新团队赵贺琦、林洁提供了部分竞赛设计案例。

　　本书出版得到清华大学出版社及冯昕编辑的大力支持和帮助；南昌大学对本书的出版给予了资助；另外，在编写过程中，作者参阅了大量的文献资料和图例，尤其是很多图片来源于网络，无法一一注明出处，在此一并表示衷心感谢！

　　由于编者水平所限，书中不妥和错误在所难免，诚恳希望读者批评指正。

熊兴福、舒余安

2015.12

目　录

第 1 章 人机工程学溯源

1.1 引言

1.1.1 人机工程学思想萌芽

人类自出现以来，就以不同形式追求着自身的舒适性和安全性，从而创造了现代的人类文明。恩格斯在《自然辩证法》中指出："劳动创造了人类本身，而劳动是从制造工具开始的。"从开始制造工具起，人类就在研究工具使用与人之间的相互关系。可以说，人类工具的发展史就是不断改造工具使之方便人类使用的历史。一切人造工具，无论是原始的石器还是今天的电子产品，人们制造并不断改进都出于一个共同的观念与目标——为了更好、更方便、更安全地使用工具从事各种活动与工作（图 1-1～图 1-3）。尽管在过去没有人机工程学这一名词，但从人机工程学研究的基本问题——人与工具或用具的关系而言，其存在如同人类制造工具一样古老。

远古时代，人类过着狩猎和采集的生活。当时，人类为了解决基本生存问题而进行了简单的造物，根据自身的感受去选择和制作石器、骨器等，并通过一种自发的思维倾向和本能的行为方式来选择和制作方便使用的生活工具。比如，北京周口店出土的旧石器时代所制作和使用的石片、石砍砸器、石斧等工具，其大小和形态都比较适合人的手掌抓握和使用（图 1-4）。由此可知，当时的人类已经知道将器物设计制作成与人（使用者）相适宜。当然，这一时期的设计制作只存在于个体之中，不具有普遍性，而且这种设计制作上的考量只是一种不成熟的人机工程学的简单表现。从某种意义上说，这是人机工程学基本思想的萌芽。

图 1-1　原始石器工具

图 1-2　商代晚期铜刀

图 1-3　现代割草镰刀

图 1-4　旧石器时代石制工具

1.1.2　人机工程学的基本概念及定义

人机工程学，又称为人体工程学、人类工效学、宜人学、人间工学、人的因素等，是一门以生理学、心理学、人体解剖学、人体测量学等学科为基础，研究如何使人 - 机 - 环境系统的设计符合人的身体结构和生理心理特点，以实现人、机、环境之间的最佳匹配，使处于不同状态、不同条件下的人能安全、有效、健康、舒适地进行工作和生活的科学。

人机工程学是一门兼容技术科学、人体科学和社会科学的综合性边缘学科，研究的主要内容就是"人 - 机 - 环境"系统，简称人机系统。人机工程学不仅有自身的相关理论体系，同时又从其他许多学科吸取丰富的理论知识和研究手段，它除了与安全工程、环境工程等学科关系密切以外，还与生理学、心理学、人体测量学、环境保护学、控制论和信息论等学科联系紧密。它在综合各门学科的基础上，全面考虑"人的因素"，通过揭示人、机、环境三要素之间相互关系的规律，对人机系统的设计、使用提供更全面的依据，从而确保人机系统总体性能的最优化。

对于人机工程学定义，目前为各国多数学者所认同的且较权威地反映了人机工程学相对成熟的学科思想的，是国际人机工程学学会（International Ergonomics Association，IEA）给出的定义：

人机工程学是研究人在某种工作环境中的解剖学、生理学和心理学等方面的因素，研究人和机器及环境的相互作用，研究在工作中、家庭生活中与闲暇时怎样考虑人的健康、安全、舒适和工作效率的科学。

1.1.3　日常生活中常见的人机工程学问题

在日常生活中，可以看到越来越多的设计将"符合人体工学""人机工学的设计"等作为重要特点进行宣传，特别是信息产品和家具等与人体直接接触的产品。然而，人们在接触这类宣传之后常会产生疑惑——什么是人机工学？它与使用器物和生活环境有什么关系？为什么设计要考虑它？

事实上，由于人机工程学是考虑如何使各类设计适合人的生理心理特点，如何使人在舒适和便捷的条件下工作和生活，所以，它是与人们的日常生活和工作密切相关的一门科学。可以说，人们随时随地都会接触到属于人机工程学范畴或与其相关的问题。以下列举一些现实生活中有关人机工程的例子。

例1　生活中经常可以看到一些功能强大的高科技产品，比如手机、相机等数码产品，功能、形态等看起来都不错，应该是很好的设计（图1-5）。但事实上，人们在使用过程中经常会遇到问题。最常见的就是产品的功能过于强大，人们要么不会用，要么用不上。从人机工程学角度考虑，设计时考虑使用者的能力，按需设置功能才是合理的，比如专门为老年人设计的手机就是一个很好的案例，其按键大、功能简单、操作方便（图1-6）。

图1-5　智能手机

图1-6　老年人手机

例2　使用笔筒时，人们会发现拿出短铅笔很不方便，而且很有可能会将铅笔笔芯弄断（图1-7（a））。根据人机工程学要求，设计这样的收纳产品时，不仅要考虑它的功能美和形式美，同时也要考虑产品的宜人性，使其尽量方便人们拿取收纳盒中的物品（图1-7（b））。

（a）笔筒

（b）收纳盒

图1-7　笔筒与收纳盒

例3　骑自行车时，人上半身的重量都集中在坐骨结节上，其所承受的压力特别大。有一些自行车设计为了造型好看，将座椅做得非常小，如此一来，人们骑车时臀部局部受压很大，骑一会儿就会感觉不舒服。符合人机工程的自行车座椅，应当考虑人们骑车时臀部受力和通风散热等问题（图1-8）。

图1-8　自行车设计

例 4 生活中常用的台式饮水机，有时水桶位置过高，换水非常困难，对于女性尤其不方便（图 1-9）。从人机工程学角度考虑饮水机设计，不仅要考虑饮用过程，还要考虑换水方式，让人能够以舒适的姿势轻松换水及饮用（图 1-10）。

图 1-9 台式饮水机   图 1-10 柜式饮水机

例 5 一些大学餐厅的桌椅，桌子与座位距离太近，相邻桌椅间距也太窄，用餐时，学生们进出经常发生碰撞，而且容易造成拥挤。良好的餐厅桌椅设计，不仅要考虑就坐与进出方便，还要考虑餐厅整体容量，提高用餐效率（图 1-11）。

图 1-11 大学食堂餐桌椅

例 6 有一些沙发材质非常柔软，看似非常舒服，但人们坐不了多久就会腰酸背痛。这种情况的出现，要么就是沙发座垫太软，人们坐下时不能有效支撑上半身，要么就是沙发太低，人们陷入其中，形成不正常的腰椎状态。符合人机工程的沙发设计，不仅要符合人体生理结构与尺寸，还要提供舒适稳固的支撑（图 1-12）。

图 1-12 沙发

例7　草地上石板铺成的小路是大家都熟悉的画面。但人们使用时往往会发现，两块石板间的距离很不合适，尤其不符合成年人的生理尺寸，让人在正常行走时感觉非常不舒服。这一类的设计，应该符合人们使用的尺度大小（图1-13）。

　　例8　生活中最常见的五孔插座，一上一下设置了两个插孔。人们在使用时，有时会由于两个插孔之间的间距太窄，造成插头无法同时使用（图1-14）。这一类问题的解决，就要从插头使用的状态以及插孔间的距离等进行考虑，从而能有效使用多个插头（图1-15）。

图1-13　草地上的石板

图1-14　五孔插座

图1-15　改进后的插座

1.2　人机工程学的形成、发展及学科思想的演进

1.2.1　中国传统设计中的人机工程学思想

　　在长期的造物实践和造物历史中，古代工匠在制作和使用器物时，已经对人机工程学的宜人性、安全性等给与了考虑。现今保留下来的许多中国传统器物设计都反映了这一点。比如：汉代设计制造的"长信宫灯"，以汉代宫女形象为基本造型，宫女上身平直，右臂高举，袖口向下宽展如同倒置的喇叭，覆罩在灯罩上，右臂与体腔为空心连接，燃灯时起到烟道和消烟的功能；灯盘呈"豆"形，灯盘内留有槽，槽内有两片弧形屏板合拢组成圆形灯罩，灯盘可转动，灯罩可开合，以调节照度和照射方向，同时有挡风的功能，这些都充分体现出对人机工程的要求和考虑（图1-16）。

　　人机工程学思想不仅具体展现在中国传统设计中，也包蕴在丰富的传统设计思想之中。《考工记》和《天工开物》这两部著作，较为集中地记录和反映了我国古代某一阶段的设计工艺和思想。因此从这两部著作中，可以看到不少关于器物的宜人性、适用性等有关人机工程学方面的分析和记载。

　　《考工记》是我国最早的一部科技著作，也是世界上最早的一部科技文献，成书于春秋末期。在这部著作中，分别对运输和生产工具、兵器、乐器、皮革、染色、建筑等的设计和制作给出了规范化的总结和详细的记载。从人机工程学的角度思考所体现出的原理和法则仍给人以启迪。

　　《考工记》在"辀人"篇对制作合度的车辀进行了描述，其记载："辀欲弧而无折，经而无绝。进则与马谋，退则与人谋。终日驰骋，左不楗；行数千里，马不契需；终岁御，衣衽不敝，此为辀之和也。"意即说，车辀要弯曲适度而无断纹，顺木理而无裂纹，配合人、马

图1-16　汉代长信宫灯

进退自如；一天到晚驰骋，左边的骖马不会感到疲倦；即使行了数千里路，马不会伤蹄怯行；御者一年到头驾车驰驱，也不会磨破衣裳；这就是辀的曲直调和。这些对车辀与人、马进行配合的描述，充分体现了器物与人有效配合的设计考虑，也反映出人机工程学的"机"适于人的设计思想（图 1-17、图 1-18）。

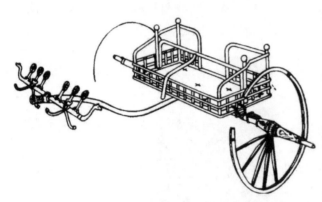

图 1-17 先秦独辀车形制

图 1-18 《考工记》中的车

《考工记》在"弓人"篇对弓的制作进行了描述，其记载："凡为弓，各因其君之躬志虑血气。丰肉而短，宽缓以荼，若是者为之危弓，危弓为之安矢。骨直以立，忿埶以奔，若是者为之安弓，安弓为之危矢。其人安，其弓安，其矢安，则莫能以速中，且不深。其人危，其弓危，其矢危，则莫能以愿中。"在这一段描述中，指出了要根据使用者的体型、脾性、气质配给不同性能的弓箭：长的矮胖、性情温和、动作缓慢的人，要配置强劲急疾的硬弓并配上柔缓的箭；身材挺拔、刚毅果敢、行动快猛的人，则要配置柔韧的软弓并配上剽疾的箭。如果慢人使用软弓再配上柔缓的箭，则易耽搁时间，箭行的速度也慢，即使射中也不能深入敌体；急人使用硬弓搭配剽疾的箭，则因过于急促，不能又稳又准地射中目标。由此可看出，当时的古人在设计弓箭时，除了考虑使用者的生理特征外，还考虑到了性格特点等心理特征，并通过优化弓与箭的组合去配合不同性格的人使用，并由此来弥补人的不足之处，使人在应用弓箭时达到最佳的射击效果（图 1-19、图 1-20）。《考工记》中所表现的这种对人生理和心理的设计考虑，体现了"人性化"设计的关怀，完全可以作为设计心理学应用的经典范例。

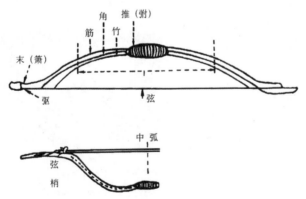

图 1-19 弓干各部分名称及构成材料[①]

图 1-20 《考工记》中的弓[②]

①② 戴吾三. 考工记图说 [M]. 济南：山东画报出版社，2003.

《天工开物》是我国古代一部重要的科学技术名著，为明代科学家宋应星所著。该书全面系统地记述了我国古代农业和手工业的生产技术和经验。作者通过实地考察和研究，不仅对原料的品种、用量、工具构造和生产加工的操作过程等都有详细的记载，而且很注意用数据来说明问题。全书共有插图123幅，比例恰当，形象化地再现了当年生产操作的场景。由《天工开物》所记载的文字和图片中可以得知，当时的设计工匠已经对工作效率、劳动姿势等做出了考虑，他们充分利用自己的智慧设计创造出大量精巧实用的工具，把使用者从那些原始的、繁重的劳动中解脱出来，给人们的生产与生活提供了诸多的便利，有力地推动了社会的进步发展。以下列举两例以作简要说明。

　　碓，一种农业加工工具，具有舂米功能（图1-21）。西汉末年设计出了水碓，由水轮带动碓进行工作，装置两个碓以上的称连机碓，常用的都装四个碓。明代宋应星在其《天工开物·粹精第四·攻稻》中对水碓的记载如下："凡稻去壳用砻，去膜用舂、用碾。然水碓主舂，则兼并砻功。……凡水碓，山国之人居河滨者之所为也。功稻之法省人力十倍，人乐为之。"

　　筒车（又称水车），一种灌溉工具（图1-22）。筒车轮四周缚有竹筒，利用水流冲击轮子旋转，把水由低处提高到高处，达到灌溉的目的。《天工开物·乃粒第一·水利》中对其记载如下："凡河滨有制筒车者，堰陂障流，绕于车下，激轮使转，挽水入筒，一一倾于枧内，流入亩中。昼夜不息，百亩无忧（不用水时，拴木碍止，使轮不转动）。"

　　水碓、水车，两种以水为动力带动其进行运作的半机械化工具，其"功稻之法省人力十倍""昼夜不息，百亩无忧"，给劳动者的生活和劳作带来了极大的便利。这些劳动工具的设计者了解到人们在持续操作工具时会产生疲劳，从而导致工作效率下降，为了减少或避免这种疲劳，他们充分利用自己的智慧想以"机"的操作来代替人的操作，充分利用"机"不会疲劳的特点，并最终设计出水碓、水车这些有着良好的人"机"分工的高效作业工具。这些设计的指导思想，正是源于对人机系统中如何优化人"机"分工以及如何提高人的工作效率、人机系统总体效率的考虑。

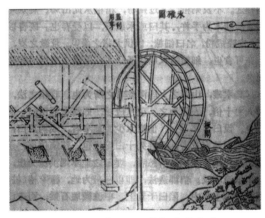

图1-21 《天工开物》中的水碓　　　　图1-22 《天工开物》中的筒车（水车）

　　在中华五千年的历史中，流传下来的优良器物设计数不胜数，《考工记》和《天工开物》中所记载的只不过是我国五千年文化创造成果的一部分。但即便是部分成果，也已让人清晰地了解到我国传统设计中人机工程学思想的考究。

1.2.2　人机工程学的形成、发展和演进

　　人机工程学是现代设计中的新兴学科，也是现代设计艺术进一步科学化的标志。虽然过去人们已经有了对人机工程学原理和设计造物关系的考虑，但当时人机知识的获得和考虑主要是通过制作

者向使用者了解或是自身在使用过程中的了解。该人机研究的过程是从个体中获得的过程，是从实践到实践的过程，是片面的人机工程知识的运用，不具有普遍应用性，与建立起一门完整的学科完全是两回事。比如：制作者在设计弩时所考虑的操作姿势和特性等，仅仅将其运用于弩的设计，并没有把它运用于所有的与人的操作姿势和特性有关的设计之中。所以，早前设计的人机考虑过程只是一个简单的运用过程，是一个不成熟的过程。

1. 人机工程学的发展时期

人机工程学作为一门独立的学科已有六十年左右的历史，其作为一门学科而言，起源可以追溯到 20 世纪初。在学科的形成和发展过程中，大致经历了以下三个时期。

1）人机工程学的孕育

19 世纪末，为了提高生产效率，人们开始研究人与工具的关系及操作方法，其中最具影响的当推现代管理学先驱——美国学者 F. W. 泰勒（F.W. Taylor）。泰勒于 1898 年进入伯利恒钢铁公司，他提出要研究人的操作方法，并从管理的角度制定了相应的操作制度，人们把它称为"泰勒制"。他曾对铲煤和铁矿石的工具——铁锹进行研究，他用形状相同而铲量不同的几种铁锹去铲同样一堆煤（每次可铲重量分别为 6lb[①]、10lb、17lb 和 30lb）。虽然 17lb 和 30lb 的铁锹每次铲量大，但实验结果表明，用 10lb 效率最高（图 1-23、图 1-24）。他做了许多试验，终于找出了搬运煤屑、铁屑、砂子和铁矿石等松散粒状材料时，每一铲的最适当重量。这就是人机学建立过程中著名的"铁锹作业试验"。他改进铁铲，使工人的劳动效率成倍提高，这种关于手工操作工具设计与人操作绩效关系的研究成为人机工程学发展史上的第一个里程碑。

图 1-23　泰勒的四种不同铲量铁锹试验

---

① 磅，1lb = 0.45kg。

图 1-24　泰勒试验效率最高铲量：10lb

1911 年，以动作研究闻名于世的吉尔布雷斯夫妇（F. B. Gilbreth and L.M. Gilbreth）对美国建筑公司工人砌砖作业进行了试验，他用快速摄影机将工人砌砖动作拍摄下来，对动作过程进行分析研究，去掉无效动作，将砌砖动作从 18 个简化到 5 个，使工人砌砖速度由当时 120 块 /h 提高到 350 块 /h。后人将泰勒与吉尔布雷斯的研究成果综合为"动作与时间研究"，这一研究成果至今对提高作业效率仍有重要意义。

1914 年，美国哈佛大学的心理学家闵斯特伯格（H.Munsterberg）把心理学与泰勒等人的上述研究综合起来，出版了《心理学与工业效率》一书。他提出了心理学对人在工作中的适应与提高效率的重要性，在生产实践中倡导运用心理学，并运用心理学方法选拔和训练工人、改善劳动条件。《心理学与工业效率》一书也成为人机工程学史上的重要经典文献。

自泰勒开始进行试验研究起，提高工效的观念已不再是一种自发的思维倾向，它已开始建立在科学试验的基础上，具有了现代科学的形态。所以，人机工程学的学科历史常从这一阶段谈起。从泰勒的科学管理方法和理论的形成开始一直到第二次世界大战之前，可以看作是人机工程学学科的孕育阶段。在这一阶段，人机工程学的研究者大都是心理学家，学科的研究偏重于心理学方面，因而此阶段的人机工程学多被称为"应用实验心理学"。在学科孕育阶段，人们所从事的劳动在复杂程度和负荷量上还不是很大，对操作人员稍作选择或训练即可适应机器的要求，所以这一阶段人机关系研究的主要特点是：以机械为中心进行设计，通过选拔和培训操作者，使人适应于机器。

2）人机工程学的诞生

到了第二次世界大战时期，因为战争的需要，许多国家大力发展效能高、威力大的新式武器和装备。但由于片面注重新式武器和装备的功能研究，此时完全依靠选拔和培训已无法使人员适应不断发展的新武器的性能要求，因而由于操作失误而导致失败的事故屡见不鲜。例如：由于战斗机中座舱及仪表位置设计不当，造成飞行员误读仪表和误用操纵器而导致意外事故；或由于操作复杂、不灵活和不符合人的生理尺寸，造成战斗命中率低等（图 1-25）。

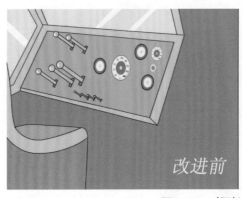

图 1-25　驾驶过程中误操作飞机

人们在屡屡失败中逐渐清醒地认识到，"人的因素"在设计中是不能忽视的一个重要条件，如果一味追求武器装备技术性能的优越，而不考虑与使用人的生理机能相适配，是发挥不出设计的预期效能的。为此，有的国家开始聘请解剖学家、生理学家、心理学家来参与设计。在装备仪表和操作件数量保持不变情况下，改进仪表的显示方式、尺寸、色彩搭配等，并重新布置它们的位置和顺序，使之与人的视觉特性相符合，提高了认读速度、降低了误读率；改进操作件的形状、大小、操作方式、操作方向及安置的顺序与位置，使之与人手足的生理特性、运动特性相适应，提高了操作速度、减少了操作失误（图 1-26）。这些设计上的改变没有增加多少经费投入，但却收到了事半功倍的效果。例如："二战"期间，美国战斗机使用的高度计为三指针式，长针表示百分位、中针表示千单位、短针表示万单位的高度。在 Fitts 所分析的 227 例飞行员失误的案例中，高度计误读的比例占到 17.6%。Grether 用 97 名飞行员和 79 名大学生对三种高度计进行判读试验（图 1-27），结果显示，对 304.8m（1000ft [①]）以上高度的判读，三指针式误读率高达 10% 以上，而一针式误读率小于 1%。

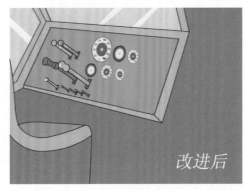

图 1-26　仪表改进后的飞机操作

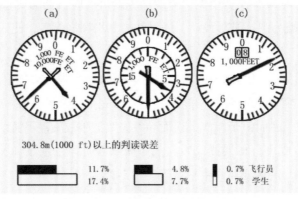

图 1-27　三种高度计的判读试验

---

① 英尺，1ft = 0.3048m。

从第二次世界大战到战后初期，军事领域中对"人的因素"的研究和应用，使各国科技界认识到：器物设计必须与人的解剖学、生理学、心理学条件相适应，这成为现代人机工程学产生的背景。1947年7月，英国海军部成立了一个研究相关课题的交叉学科研究组。次年英国人默雷尔（K.F.H. Murrell）建议构建一个新的科技词汇"ergonomics"，并将它作为这个交叉学科组的学科名称。这个新的学科名称及其涵盖的研究内容得到了各国学者的认同，这也宣告了现代人机工程学的诞生。ergonomics是由两个希腊词根"ergon"和"nomos"组成，前一词根意为工作、劳动，后一词根意为规律、规则。与人机工程学的孕育期对比，学科思想至此发生了一个重大转变，即从人适应机器转向机器适应人的研究。这一阶段的主要特点是：以人为中心进行设计，强调设计中"人的因素"，使机器适应于人。

3）人机工程学的发展和成熟

20世纪50年代，由于战争的结束，社会的发展重心逐渐转向非军事领域。随着这种转变以及社会工业产业的飞速发展，人机工程学的综合研究与应用也逐渐从军事工业和装备领域延伸到民用领域，如家具、家用电器、汽车与民航客机、机械设备、建筑设施及生活用品等，所涉及与人的因素有关的问题越来越多，这也使人机工程学得到了进一步的发展。例如：在1952年，芬兰设计师兹德涅克·克瓦尔（Zdenek Kovar）通过对人手尺寸及操作特点的研究，对剪刀的手持握部位进行分析和改进，设计出了一种非常符合人手抓握和操作的剪刀（图1-28），从而在西方世界引发了一场剪刀变革，其作品在后来被大量模仿（图1-29）。

1957年，美国的麦克考米克（E J Mc Cormick）发表了关于人机工程学的权威著作《人机工程学》（*Ergonomics*），标志着这一学科开始进入成熟阶段。1960年，为加强交流和推动各国人机工程学的发展，国际人机工程学学会（IEA）正式成立。该学会的成立极大地促进了人机工程学在世界范围内的应用，并推动学科不断向纵深发展。同年，美国的设计师亨利·德雷夫斯（Henry Dreyfess）出版了著名的专著《人体测量》（*The Measure of Man*）（图1-30），为设计界提供了重要的人机工程学数据资料，从而为工业设计领域奠定了人机工程学这门学科。如图1-30所示：他对人体尺度与产品设计的关系进行研究后，作出了成年人人体尺度的相关数据图，为产品设计中运用人体尺度提供了设计参考。

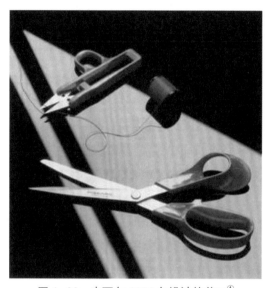

图1-28 克瓦尔1952年设计的剪刀①

图1-29 基于人机工程学的剪刀设计

① 何晓佑，谢云峰.人性化设计[M].南京：江苏美术出版社，2001.

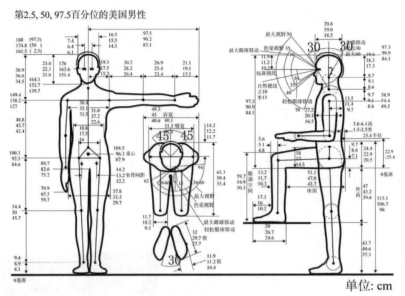

图 1-30　德雷夫斯《人体测量》中的人体尺寸图

到了 20 世纪 60 年代，欧美各国进入大规模的经济发展时期。在这一时期，科学技术的不断进步和发展给人机工程学创造了更多的发展机会，同时也带来了更多挑战。宇航技术、电子计算机应用以及各种自动装置的广泛使用，使得人机关系越来越复杂。同时，在科学领域中，系统论、信息论、控制论这"三论"的相继建立与发展，尤其是系统论的影响和渗入，极大影响了人机工程学的学科思想。所有这些，都促使人机工程学开始进入到系统的研究阶段，学科的研究思想也由此开始了新的转变。例如，航空航天技术的发展给人机工程学提供了新的理论依据和新的实验场所，也给学科的研究提出了新的要求和新的课题。当人类由地球向宇宙外空扩展时，对于宇宙飞船内部设计、宇航服设计以及飞行心理方面的研究成为关键。在宁静的太空，如何使宇航员在座舱内感到舒适、方便，并减少孤独感，成为设计的一个新课题，研究人员也因此开始将人机系统中的环境因素纳入人机研究范畴中来。当时，美国的设计师罗维对此进行了深入的研究，在为美国宇航局（NASA）进行宇宙飞船设计时，他给宇航小组的每个成员设计了一个私人空间作为缓解压力和休息的地方，同时还设计了一套宇航员在太空飞行中营养、卫生和排泄的方案，图 1-31 是罗维为宇宙飞船内部设计所作的分析图。NASA 的总负责人称赞罗维考虑到了宇航员的生活环境的各个方面，为宇航员建立了一个合理、舒适的环境。当宇航员完成阿波罗登月飞行后，从太空发来电报，感谢罗维完美的设计工作。

图 1-31　罗维设计的飞船内部[①]

此外，学科研究思想中对"人的因素"的考虑在此时也有了新的发展。设计中重视人的因素依然是正确的原则，但如果单方面过于强调机器适应于人、过分强调让操作者"舒适""付出最小"，也是不全面的。例如：当初在设计美国阿波罗登月舱时，考虑到为宇航员提供优良适宜的生活和工作环境，便将宇航员姿势设计成坐姿，结果，即便是开了四个窗口，宇航员视野也非常有限，无论是倾斜或垂直着陆，都看不到月球着陆点的地表情况。在问题解决过程中，有人提出：座位太重、占用空间太大，登月舱脱离母舱到月球表面只有一个小时左右，为什么宇航员不能站着？该想法的提

① 何人可. 工业设计史 [M]. 北京：北京理工大学出版社，2000.

出使得一切问题迎刃而解。因为在此问题提出之前，设计人员限制于"让宇航员尽量舒适"的思维定势，无法打开思路。而将登月舱设计成站姿作业，宇航员眼睛可紧贴窗口以扩大视野，同时由于登月舱质量减轻，设计方案也变得更安全、高效和经济。这一特殊事例告诉人们，此前过分强调"让机器适应于人"也有片面性（图1-32）。

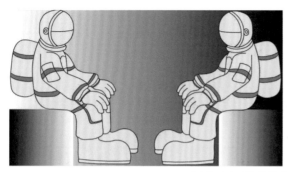

经科学家改进，宇航员站立在登月舱中，缩小了空间、降低了火箭发谢难度

图 1-32 登月舱内部改进

人机工程学的研究在 20 世纪 70 年代达到一个高潮，当时设计界广泛认为人机工程学是能够导致良好设计的关键，甚至是唯一的途径。一方面，这个学科的研究、发展和运用得到迅速的完善，另一方面，人机工程学的重要性在某种程度上被夸大了。可以说，20 世纪 70 年代是人机工程学泛滥、夸大的阶段，也是人机工程学作为一个独立的学科得到理论上、试验上完善化的阶段。比如：瑞典人机设计小组（一个从事工作环境、残病人用品及医院设施研究和设计的组织）通过大量时间进行调查研究，并通过模型进行人机关系的精密测试以及采用摄影等手段对工作过程和动作进行分析后，设计出了大量的优秀作品，使人机工程学在理论上和试验上得以完善化。图 1-33 为该组织在 1974 年为患有手疾的人设计的一种特殊的面包餐刀与切盘，使用起来方便而且省力。再比如：挪威的斯托克公司利用人机工程学原理设计的新型座椅，通过使人体坐姿前倾和膝部支撑，让脊椎和躯体处于自然状态，从而使身体各部位最佳地完成其功能，消除背部、颈部、臀部和脚部的应力。该设计说明了人机工程学研究在设计实践中得到了充分运用和完善（图1-34）。

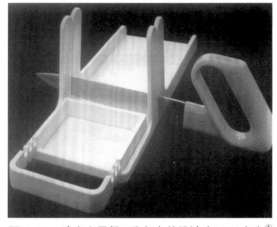

图 1-33 残疾人用餐刀和切盘的设计（1974 年）[1]

图 1-34 挪威的可调节平衡椅设计（1979 年）

---

[1] 何晓佑，谢云峰.人性化设计 [M].南京：江苏美术出版社，2001.

从 20 世纪 70 年代人机工程学研究达到高潮以来，学科的研究领域越来越广，几乎渗透到了各个领域，有关人的衣、食、住、行、用的各种设施，用具的科学化、合理化等都被纳入研究范围。如今，人机工程学已经形成了各专业方向的研究，如航空人机学、交通人机学、建筑人机学、农业人机学、服装人机学、工作环境人机学等，这些研究的分类和细化为人机工程学研究和应用的进一步深化和向纵深方向发展提供了条件（图 1-35~图 1-38）。

图 1-35　符合手抓握操作的人机鼠标

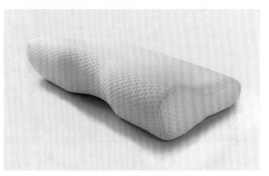

图 1-36　基于颈椎仰角设计的保健枕头

图 1-37　贴合人体脊柱的多功能旋转椅子

图 1-38　基于安全考虑设计的盛蛋器

针对人机工程学的发展，国际人机工程学学会历史学家布莱恩·契克尔（Brian Shackel）记录了学科的发展历程：20 世纪 50 年代为军事人机工程学；60 年代为工业人机工程学；70 年代是生活消费品和服务业人机工程学；80 年代是计算机人机工程学；90 年代以来是宏观人机工程学和认知人机工程学时代。

由上述学科发展过程可以看到，自 20 世纪五六十年代以来，人机工程学在各领域的研究和应用都得到了迅速发展，也逐渐成为一门成熟的学科。在学科的这一阶段，其研究方向是：把人机系统中的环境因素也纳入学科研究范围，并将人 - 机 - 环境系统作为一个统一的整体来研究，考虑人机相互适应、合理分工，使人 - 机 - 环境系统相协调，以创造最适合于人的生活和工作环境，并最终获得系统的最高综合效能。

2. 人机工程学在我国的发展

人机工程学在我国起步比较晚，但发展却很迅速。新中国成立前仅有少数人从事工程心理学的研究，到 20 世纪 60 年代初，也只有中科院、中国军事科学院等少数单位从事本学科中个别问题的研究，而且其研究范围仅局限于国防和军事领域。但是，这些研究却为我国人机工程学的发展奠定了基础。"文革"期间，学科的研究曾一度停滞，直至 70 年代末才进入较快的发展时期。1981 年，在著名科学家钱学森亲自倡导下，龙升照等发表了《人 - 机 - 环境系统工程学概论》，概括性地提出了人 - 机 -

环境系统工程的科学概念，试图把人的因素、人体工程学、工程心理学、工效学、人的因素工程、人机系统等学科纳入一个统一的科学框架，从系统的总体高度研究人 - 机 - 环境系统各种组合方案的优劣，改变以往分散、孤立的研究局面，把人们设计和研制人 - 机 - 环境系统的实践活动推向了一个崭新的阶段。

1989 年 6 月 30 日，我国成立了与 IEA 相应的国家一级学术组织——中国人类工效学学会（ Chinese Ergonomics Society，CES ）。该学会成立以来已组织召开了多次学术会议，协同国家技术监督局制定了数十个人机工程的国家技术标准，极大地促进了我国人机工程学学科的发展和推广应用（图 1-39~图 1-41 ）。

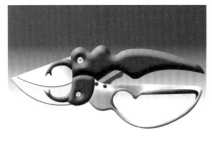
图 1-39 基于人手尺寸的仿生剪刀

图 1-40 人性化的多功能擦鞋机

图 1-41 符合人手抓握的园林剪

1.2.3 人机工程学展望

近年来，不少专家学者开始从哲学与伦理学的高度来审视人类的整个设计活动，对人类追求过度消费而造成的全球性生态危机以及对人类未来发展产生的负面影响这一严酷现状进行反省，呼吁社会减少对地球资源以及生态环境的破坏，并提出人类与自然界协调共生的设计原则，以实现人类的可持续发展。

与自然界协调共生，是人类一切设计活动都应遵循的原则，也是人机工程设计的指导原则。人机学理论仍然要为人们工作和生活的"安全、舒适、高效"服务，并且在创造每一个使人们更安全、更舒适、更高效的具体事物时，都不应该违背人类与自然共存发展这一前提。因而，人机工程学在 21 世纪的发展，将会更加强调和注重人 - 机 - 环境的融洽，以实现人 - 机 - 环境系统融合的理想境界（图 1-42、图 1-43 ）。

针对人类与自然共存发展这一问题，应该说早在两千多年前的中国古代哲学家们就已经有所探讨。"天地与我并生，万物与我为一"（《庄子·齐物论》），"人与天一也"（《庄子·山木》）。可以说庄子这种天与人合一、主体与客体合一的思想为人机系统融合提供了内在的哲学基础，因

图 1-42 人 - 机 - 环境和谐共生的茧帐篷

图 1-43 基于绿色概念的办公桌椅

为人机系统融合其本质上就是一种"人机合一"也即"天人合一"的状态（这里"机"指人机系统中人之外的万物）。在这一原则下进行人机设计，就不仅要考虑人、机器及其构成的相对应的环境，还要考虑地球，甚至是宇宙这个环境，以使人 - 机 - 环境系统达到融合为一，从而形成生生不息、不断循环的发展过程。比如：设计核电站时，不仅要考虑其所处的环境系统，还要将它与整个地球环境联系起来进行考虑，使之与人与环境相协调，以避免其出现问题而造成的严重后果。图 1-44 为核电站及其所处环境。图 1-45 为世界上最大的恶性核事件之一，1986 年 4 月发生在乌克兰切尔诺贝利（Chernobye）核反应堆爆炸 10 天后地球的污染情况。

关于人机工程学未来具体发展方向，本书第 7 章将专门进行探讨。

图 1-44　核电站

图 1-45　核事件后地球的污染情况

第2章 人体尺度与设计

2.1 人体尺度基本概述

　　人类从开始制造工具那天起，尺度的观念就已经贯穿于造物活动的始终了。石器时代对尺度的把握就是设法使工具适应人手，从而达到便于使用的目的。尽管直至 20 世纪，尺度规律才作为"人机工程学"被系统地阐述，并在设计领域中成为创造的重要理论基础，但无论在西方还是在东方，造物的尺度观念从始至终都在不断影响和改变着人们的视角和生活方式。比如，在古希腊人眼中，健康的人体中存在着优美和谐的比例关系，体现着宇宙间最复杂的造物的精妙，人性被赋予了至高的赞誉。从公元前 5 世纪波利克里特斯的"法规"为人体各部位之间的比例制定了精确的标准，到公元前 4 世纪留西坡斯的新"法规"，即人的头与身体的最佳比例为 1∶8，人体尺度的比例关系被赋予了更明确的意义：它体现着创世的力量和人类灵魂的所在，代表着宇宙间一切美好的理想与宇宙万物的和谐。因此，毕达哥拉斯说："人是万物的尺度。"人体作为万物的量度被确立，并成为在艺术、哲学甚至现代科学等多个领域中影响后世的观念（图 2-1）。

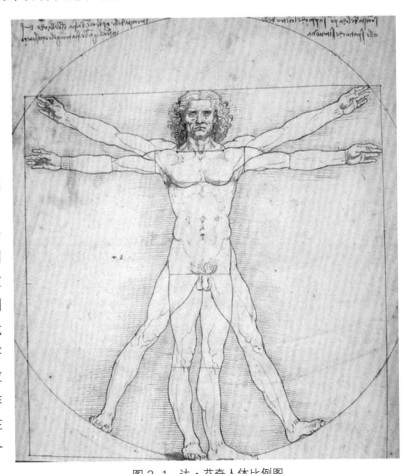

图 2-1　达·芬奇人体比例图

在早期满足人类需求的造物活动中，人通过对自然尺度逐步深入的认知和掌握过程，确立了造物的标准。人是自然之子，自然尺度即人作为自然的生物体的尺度，包括人体各部分尺寸、体表面积以及人体肌肉、组织的生物物理特性等。人的自然尺度作为衡量的标准被广泛用于规定造物尺度，如手长、身高、骨骼及肢体的长度等，使造物的尺度和极限得以确定。资料研究表明，两个世纪以前，各国的计量单位基本上是从人体出发，比如在我国古代，各种长度如尺、咫、寻等，都是以人体部位为准则设立的，像"布指知寸，布手知尺，舒臂为寻""一手为溢""掬手为升""举步为跬，倍跬为步""迈步定亩"等；再比如其他国家的腕尺、英寸、英尺、码等，也都是以人体的某一器官长度为基本单位衍生而来，像古埃及的腕尺为人们自肘至指尖的长度，英寸为 10 世纪的英王埃德加姆其拇指关节的长度，英尺为查理曼大帝的足长，码为英王亨利一世手臂向前平伸时其鼻尖到指尖的距离（图 2-2、图 2-3）。

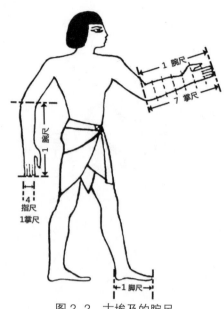

图 2-2　古埃及的腕尺

1875 年 5 月 20 日，17 个工业国家的高级外交官相聚在法国巴黎，签署了《米制公约》，同意使用十进制的米制计量单位，以简化国家间的贸易、结算及计量，由此也确立了以米制作为国际通用的计量长度单位（在公制中，以通过巴黎子午线全长的 1/（4×10^7）为 1m）。如今，所有主要工业

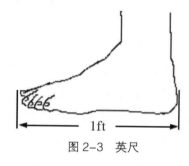

图 2-3　英尺

国家都已签署了这一公约，我国也于 20 世纪 70 年代末签署了《米制公约》。米制计量方式的确立使得以人为中心的传统量度体系一去不返，同时也把人们纳入一种以非人体化为标准的量度体系中。虽然，原有的秩序在此时已被打破，人们也重新建立起新的国际通用的标准化秩序，量度也更趋向理性化、客观化，并且"人"的含量几近于零，但实质上，以人体尺度作为设计造物的衡量基准仍然没有改变，人的自然尺度作为人生理或心理尺度的一种综合反映，依然规定或决定了一定的造物尺度和审美尺度，这是因为人总是以自然尺度为基准去观看、去衡量、去设计和创造的（图 2-4~图 2-7）。

图 2-4　符合人机工程学的汽车内部设计

图 2-5　合乎人体尺度的办公桌椅

图 2-6 基于人体空间尺度的走廊通道

图 2-7 贴合人体尺寸的健身器材

人体具有复杂的系统结构，当人类产品的生产和设计发展到 20 世纪时，以人为主体的设计思想的确立，促使了人对自身复杂的系统结构及人与物关系研究的开展。为了使各种与人体尺度有关的设计对象能符合人的生理、心理特点，让人在使用时处于舒适的状态和适宜的环境之中，就必须在理解和把握人体自然尺度的基础上，充分了解和考虑人的工作状态、能力及其限度，并将人的生理学、心理学相关数据作为设计必须遵循的主要数据，从而使设计合乎人体解剖学、生理学、心理学特征。

2.2 中国古代设计艺术论著中的尺度观

自古以来，在造物过程中，人们就对如何确定和规范器物的尺度给予了相当的关注。古代神话中有女娲与伏羲分执规、矩统领天地之尺度的美妙传说，反映出我国古代先民对于天、地、人之间有机秩序的强烈感应，并因此建立起一个稳定而完备的规则系统：

"制度阴阳，大制有六度：天为绳，地为准。春为规、夏为衡、秋为矩、冬为权。"（《淮南子·时则》）

"百工从事者皆有法，百苟为方以矩，为圆以规，直以绳，正以悬，平以水，无巧工不巧工，皆以此五者为法。"（《墨子·法仪》）

正是古人这种对自然法则的膜拜，促使我国成为世界上最早并真正在设计领域实现"模数化"生产的国家。所谓"模数化"即运用于设计中的尺度和比例，它是按某一特定比例关系和规律组成的数系。在尺度法规指导下，过去所造之物，如陶器、青铜器、家具等生活用具，其造型尺度基本都与人体的各种尺度和需要相适应。这种尺度的适宜反映了造物中追求的科学尺度观。这一点可以在我国古代论著中发现，尤其是在一些集中体现我国古代设计工艺与观念的论著中，如《考工记》。

《考工记》在"察车之道"曾谈到各种车辆尺度与人、马的关系，其云："凡察车之道，欲其朴属而微至。不朴属，无以为完久也；不微至，无以为戚速也。轮已崇，则人不能登也；轮已庳，则于马终古登阤也。故兵车之轮六尺有六寸，田车之轮六尺有三寸，乘车之轮六尺有六寸。六尺有六寸之轮，轵崇三尺有三寸也，加轸与轐焉，四尺也。人长八尺，登下以为节。"这段话说明了车的各种尺度取决于人的尺度，强调了车与人、马之间的功能关系，认为：车轮太高，则人不易上下；车轮太低，拉车的马又会十分费力，如终日爬坡一样；按不同功能需要，兵车、田车、乘车车轮尺寸要有所调整。这些重视设计与人、马的相关尺度关系的论述，符合力学和人机工程学的原理，体现了一种合理的设计尺度观（图 2-8）。再譬如，《考工记》在"梓人为饮器"记述了爵、觚、豆等器物的容量，其云："梓人为饮器，勺一升，爵一升，觚三升。献以爵而酬以觚，一献而三酬，则一豆矣。食一豆肉，饮一豆酒，中人之食也。"这段话说明了这些器物之间的关系，并强调了"豆"与人之间的尺度关系，认为：吃一豆的肉，饮一豆的酒，正好是普通人的食量（图2-9、图2-10）。由此可看出，一些日常生活器物的容量是以符合人的食量这一生理尺度作为设计制作标准的。

图2-8　秦始皇陵一号铜车马

图2-9　商青铜兽面纹觚

图2-10　战国彩绘陶豆

　　当然，在我国古代，对所造器物尺度进行考虑时，除满足人体尺度外，还遵循严明的"以礼定制，尊礼用器"的礼器制度。"礼"作为我国古代社会从祭祀到起居，从军事政治到文化艺术及日常生活的礼仪制度的总称，其主要目的就在于"明尊卑，别上下"，从而维护尊卑长幼（即君臣父子）森严等级制的统治秩序和社会稳定。这样一种造物尺度观同样也在《考工记》中得到了体现。

　　《考工记》在"弓氏为弓"描述了不同弧度和尺寸的弓的制作及使用要求，其云："为天子之弓，合九而成规；为诸侯之弓，合七而成规；大夫之弓，合五而成规；士之弓，合三而成规。弓长六尺有六寸，谓之上制，上士服之。弓长六尺有三寸，谓之中制，中士服之。弓长六尺，谓之下制，下士服之。""成规"即指用几只弓可围成一个整圆，而"九、七、五、三"确定的不同弧度和"六尺有六寸"等确定的不同弓长都表明了用弓的形制与级制的对应。同样，《考工记》在"陶氏为剑"对不同重量、长度的剑制及其使用级别进行了记载，其云："身长五其茎长，重九锊，谓之上制，上士服之。身长四其茎长，重七锊，谓之中制，中士服之。身长三其茎长，重五锊，谓之下制，下士服之。"《考工记》中诸多这种"名位不同，礼亦异数"的制器规则，反映出我国古代在制作器物时根据不同级别、人群来制定不同器物尺度的特定设计方式,同时也充分体现了我国古代设计和论著中"遵礼定器,纳礼于器"的造物尺度观念(图2-11、图2-12)。

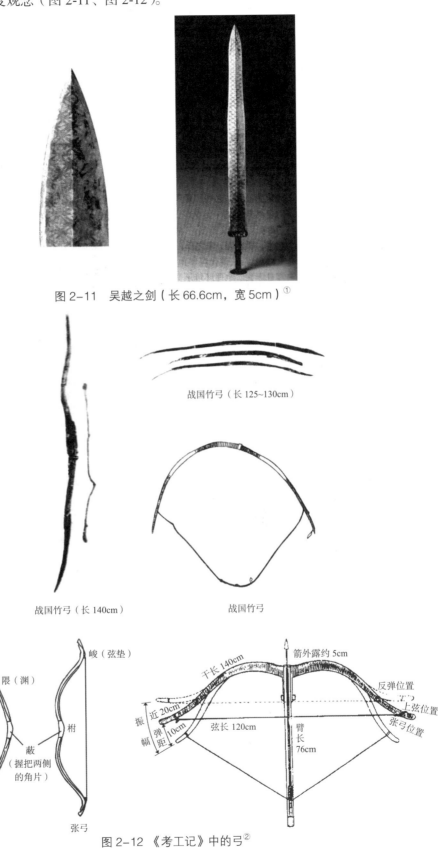

图 2-11 吴越之剑(长 66.6cm,宽 5cm)[1]

战国竹弓(长 125~130cm)

战国竹弓(长 140cm)　　　　　战国竹弓

萧(弓梢)　　限(渊)　　峻(弦垫)

　　　　　　　　　柎

　　蔽
（握把两侧的角片）

弛弓　　　　　张弓

干长 140cm　　箭外露约 5cm
　　　　　　　　　反弹位置
　　　　　　　　　上弦位置
振幅　近 20cm　　弦长 120cm　臂长 76cm　张弓位置
　　弹距 10cm

图 2-12 《考工记》中的弓[2]

① ② 戴吾三.考工记图说 [M].济南:山东画报出版社,2003.

2.3　近现代人体尺度观

19 世纪起，随着《米制公约》的签署和米制计量的普及，过去人们建立在人体尺度上的传统量度体系开始受到巨大的影响，人们的传统尺度观也逐渐发生了改变，更多的人开始使用和依赖米制作为设计尺度的衡量基准，但是在一些地区，人们仍将传统量度方式作为尺度基准。由于米制和传统量度体系的同时存在，给使用不同量度体系的地区之间的交流带来了很大的麻烦，同时也造成了尺度基准的不统一。

20 世纪二三十年代，欧洲工业化迅猛发展，世界范围的协同生产和商品供求要求一种统一的度量单位，但是历史形成的盎格鲁 - 萨克逊地域的英制体系（英尺、英寸）和其他地方的米制体系之间的矛盾却难以调和，因为两者之间换算繁杂，这使得不同地区、不同人群之间的交流存在着很大的困难。考虑到这一问题，法国人勒·柯布西耶试图用直观的人体尺度和协调的尺寸为建筑和机械创造一个可以全面利用的尺度体系。另外，法国规格标准协会（AFNOR）在标准化发展方面的工作及其缺陷也促使他着手进行这种尺度体系的研究。对柯布西耶而言，工业社会需要的是一个能与人体内在的黄金分割美相协调的比例系统，如能发现这种比例系统，将为世界标准化提供理想的基础，并方便建筑师、工程师和设计者设计出实用且美观的形式。基于这样一种理想，他从 1925 年起就致力于寻求一种理想的比例工具。在"二战"最困难的时期，柯布西耶几乎没有什么设计任务，于是他潜心研究关于几何和比例的问题，运用几何和比例关系来建立他的设计体系，对此的热情使他在此领域研究出许多成果，"模度（modulor）"便是其中最重要的一个。对于模度，柯布西埃给出的定义如下：

"模度是从人体尺寸和数学中产生的一个度量工具。举起手的人给出了占据空间的关键点：足、肚脐、头，举起的手的指尖。它们之间的间隔包含了被称为费波纳契的黄金比。另一方面，数学上也给予它们最简单也是最有力的变化，即单位、倍数、黄金比。"

柯布西耶模度建立在两种量度体系的基础上：米制和英制。米制是关于自然环境的抽象尺寸，以十进制为基础，虽然简单且容易掌握，但却是一种缺乏人性和激情的量度体系；英制直接源于人体尺寸，是人们日常生活习惯的尺寸，但是在数学运算上却相当复杂。因此如何把米制和英制统一起来成为柯布西耶模度确立的关键。

柯布西耶从"单位、倍数、黄金比"这三个基本关系出发，得到两组以黄金比 0.618 为比值的等比数列，分别称为红尺（red series）和蓝尺（blue series），蓝尺数值是红尺的两倍。起初，柯布西耶以法国人的一般身高 1.75m 为基本单位，后来发现数列的数值不能换算为整数的英制尺寸，因此在实践中还不是很适用。后来有人问："现在的模度是基于 1.75m 身高的人，这是法国人的体格。英国侦探小说里面出现的人物比如巡警什么的总是 6ft 高（1.829m），不是吗？"于是柯布西耶开始考虑把基本单位调整为 6ft，这使得数列在各个层次上与英制有了良好的配合（图 2-13）。这样，柯布西耶"模度"的 1.83m 人体便产生了，窄腰、宽肩、修长四肢和小小的头部组成了一个符合几何控制线的美学上的理想人体（图 2-14）。人体被限制在三个重叠且相邻的方形内，三个方形与人的维度建立了联系。人的肚脐正好放置在中心点上，同时也在轴线上，左手放在正方形的顶边，右手的手指放在内方形的角点上。

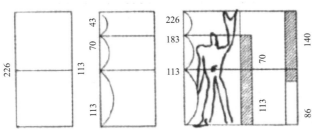

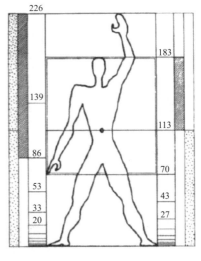

图2-13　"模度"尺寸的确定　　　　　　图2-14　"模度"人体

对于模度的基数选择，柯布西耶很自然地选取了同人体尺度有关的数字，其中身高与脐高的黄金比关系据说是文艺复兴时期达·芬奇发现的，作为建筑师的柯布西耶的重大贡献是"发现"了另一个尺度：举手高，它是脐高的两倍。这在建筑中是一个极为重要的尺度。这个高度值不在以脐高为基准的费波纳契数列（红尺）中，因此他以举手高为基准又作了一个费波纳契数列（蓝尺）。

以厘米为单位，基于113cm的红尺为

…，10，16.5，27，43，70，113，183，296，…

基于226cm的蓝尺为

…，20，33，54，86，140，226，366，592，…

在红尺和蓝尺的数字级数中，每两个相邻数字的级差都是0.618的比率。大量研究已证明人体的许多尺寸与黄金分割有关，因此柯布西耶的"模度"为综合数学和人体尺度的量度体系。"模度"的数字不同于仅仅是抽象尺寸的数字，它们代表的是实体，"模度"许多尺寸的数字与人的姿势都密切相关（图2-15）。而大规模生产的产品都与人体各种活动有关，因此柯布西耶的"模度"也体现了工业产品的机器美与人体美的和谐统一。

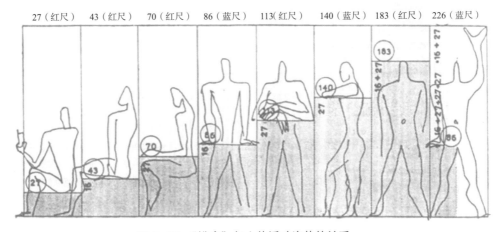

图2-15　"模度"与人体活动姿势的关系

因为模度中的数值与人体尺度呈简单的比例关系且意义比较明确，特别是在27~366cm（两个人体高度）之间的数值都同人机工程学有直接的指示关系，因此它们也成为柯布西耶最常用的数值，尤其是226cm这个举手高度，在柯布西耶的很多设计中都以基本数值出现，扮演了非常重要的角色。在位于巴黎塞沃尔街 36 号的柯布西耶事务所里，他自己的办公室是一个人工换气的 226cm×226cm×226 cm 的方盒子,柯布西耶称之为"人的容器"。事务所做的一个装配式住宅提案"可居住的细胞单元"也是以 226cm 为单位的立方体框架构成的均质空间（图 2-16）。

图 2-16　柯布西耶事务所

在近现代尺度观念中，由于米制的普及，许多设计师已经下意识地将这种抽象的尺度作为设计尺度的基准，并且也逐渐忽略了设计尺度考虑的根本——人体尺度。而柯布西耶创制的模度，通过人体尺度与和谐比例的引入，又重新把人体尺度作为控制设计尺度最直观的依据，在一定范围内产生了巨大影响，得到了充分应用，尤其是在建筑界。作为近现代最重要的尺度观念之一，柯布西耶模度理论留下的"理性"遗产至少有两个：一是通过对符合人机工程学的数值的选取，将人的尺度带入建筑，并与比例结合在一起；二是通过运用系统化的尺寸数值，控制了建筑物整体和局部的和谐统一。虽然柯布西耶模度理论在设计界产生了很大影响，但它仍没能取代米制与英制成为实践中广泛被使用的模数，其原因主要有几个方面：① 模度从其特点来看不是为了施工的方便快捷高效，而是针对设计中控制比例和尺度服务的；② 模度的等比性质决定了它不适合作为装配化生产的模数；③ 它不能离开米制或英制而独立存在。

尽管柯布西耶模度没有代替米制和英制成为新的尺度基准，但它仍有许多值得借鉴的地方。

（1）使用人的尺度思考设计尺度,建立对尺度问题的自觉意识。当这样做的时候，人作为一种"先入为主"的要素成为设计的首要考虑对象。这是使设计人性化的一条切实的途径。

（2）关注与人机工程学关系密切的设计尺度，比如人的举手高度等；建立人体尺度的数字概念，并且不妨使用模度提出的常用尺寸。如前所述，这些尺寸数值有（以厘米为单位，包括红尺和蓝尺）： 27—33—43—57—70—86—113—183—226—366 等。在必要的时候，对它们进行调整，像以中国人的平均身高约 1700mm 为基数，可以建立新数列如下：

150—250—400—650—1050—1700—2750—4450—7200mm（红尺）

300—500—800—1300—2100—3400—5500—8900mm（蓝尺）

和原数值（与英制相吻合）相比,这把"中国尺"与米制有更好的配合,也更符合中国的使用习惯。其中 40cm 与我国椅凳类家具的座面高度相符，而 275cm 同目前国内常用的 280cm 的住宅层高非常接近，445cm 也可以用于有夹层时的层高等。

2.4　人体尺度与设计应用

在进行设计时,为了使设计对象能符合人的尺度,让人在使用时有一个舒适的状态和适宜的环境,就必须在设计中充分考虑人体的各种尺度。在与人体尺度相关的解剖学、生理学、心理学这些因素中,设计中最基本、最常遇到的是与人体尺寸相关的问题（图2-17、图2-18）。

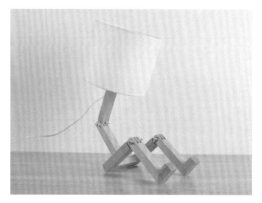

图2-17　基于人的心理尺度设计的仿人形台灯　　图2-18　基于人的食用尺度设计的婴儿辅食奶瓶

2.4.1　人体测量数据

与设计相关的人体尺寸，主要是人体形态测量数据，即人体构造尺寸和功能尺寸的测量数据。人体构造尺寸是指静态尺寸；人体功能尺寸是指动态尺寸，包括人在工作姿势下或在某种操作活动状态下测量的尺寸。

1. 我国成年人人体结构尺寸

GB/T 10000—1988是1989年7月开始实施的我国成年人人体尺寸国家标准。该标准根据人机工程学要求提供了我国成年人人体尺寸的基础数据，它适用于工业产品、建筑设计、军事工业以及工业的技术改造、设备更新及劳动安全保护。

该标准共列出7组、47项静态人体尺寸数据，每一项人体尺寸均按男、女各4个年龄段给出数据：

男　18~60岁，18~25岁，26~35岁，36~60岁

女　18~55岁，18~25岁，26~35岁，36~55岁

GB/T 10000—1988中的每一项人体尺寸都给出了7个百分位数的数据，分别是1百分位数、5百分位数、10百分位数、50百分位数、90百分位数、95百分位数和99百分位数，常用符号P_1、P_5、P_{10}、P_{50}、P_{90}、P_{95}、P_{99}来表示。其中前三个叫做小百分位数，后三个叫做大百分位数，50百分位数则称为中百分位数。

GB/T 10000—1988是我国重要的人机工程技术标准，其数据在设计中经常用到。限于篇幅，在此仅选摘男、女各一个年龄段（男18~60岁、女18~55岁）的数据（表2-1）。工作中如需用到其他数据，可直接查阅GB/T 10000—1988。

百分位数是一种位置指标、一个界值，K百分位数P_k将群体或样本的全部测量值分为两部分，有$K\%$的测量值不大于它，有（$100-K$）%的测量值大于它。人体尺寸用百分位数表示时，称为人体尺寸百分位数。

例如：从表2-1可以查到，中国成年男子（18~60岁）身高的95百分位数P_{95}是1775mm，这就表示在中国成年男子（18~60岁）中有95%的人身高不大于1775mm，有5%的人身高大于1775mm。

1）中国人体主要尺寸

表2-1是中国人体主要尺寸的六个项目（图2-19（a））。

表2-1　中国人体主要尺寸[①]

项目	男（18~60岁）							女（18~55岁）						
	P_1	P_5	P_{10}	P_{50}	P_{90}	P_{95}	P_{99}	P_1	P_5	P_{10}	P_{50}	P_{90}	P_{95}	P_{99}
1.1　身高 /mm	1543	1583	1604	1678	1754	1775	1814	1449	1484	1503	1570	1640	1659	1697
1.2　体重 /kg	44	48	50	59	70	75	83	39	42	44	52	63	66	71
1.3　上臂长 /mm	279	289	294	313	333	338	349	252	262	267	284	303	308	319
1.4　前臂长 /mm	206	216	220	237	253	258	268	185	193	198	213	229	234	242
1.5　大腿长 /mm	413	428	436	465	496	505	523	387	402	410	438	467	476	494
1.6　小腿长 /mm	324	338	344	369	396	403	419	330	313	319	344	370	375	390

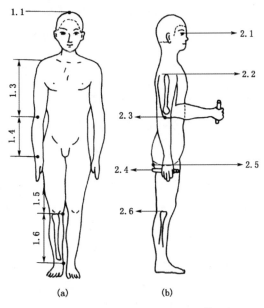

图2-19　中国立姿人体尺寸[②]　　　　　　　图2-20　中国坐姿人体尺寸

2）中国立姿人体尺寸和坐姿人体尺寸

中国立姿人体尺寸的六个项目见图2-19（b）和表2-2；中国坐姿人体尺寸的11个项目见图2-20和表2-3。

表2-2　中国立姿人体尺寸　　　　　　　　　　　　　　　　　　　mm

项目	男（18~60岁）							女（18~55岁）						
	P_1	P_5	P_{10}	P_{50}	P_{90}	P_{95}	P_{99}	P_1	P_5	P_{10}	P_{50}	P_{90}	P_{95}	P_{99}
2.1　眼高	1436	1474	1495	1568	1643	1664	1705	1337	1371	1388	1454	1522	1541	1579
2.2　肩高	1244	1281	1299	1367	1435	1455	1494	1166	1195	1211	1271	1333	1350	1385
2.3　肘高	925	954	968	1024	1079	1096	1128	837	899	913	960	1009	1023	1050
2.4　手功能高	656	680	693	741	787	801	828	630	650	662	704	746	757	778
2.5　会阴高	701	728	741	790	840	856	887	648	673	686	732	779	792	819
2.6　胫骨点高	394	409	417	444	472	481	498	363	377	384	410	437	444	459

① 表2-1~表2-5均出自：丁玉兰. 人机工程学 [M]. 北京：北京理工大学出版社，2005.

② 图2-19~图2-25均出自：丁玉兰. 人机工程学 [M]. 北京：北京理工大学出版社，2005.

表2-3　中国坐姿人体尺寸　　　　　　　　　　　　　　　　　　　　　　　　　　mm

项目	男（18~60岁）							女（18~55岁）						
	P_1	P_5	P_{10}	P_{50}	P_{90}	P_{95}	P_{99}	P_1	P_5	P_{10}	P_{50}	P_{90}	P_{95}	P_{99}
3.1　坐高	836	858	870	908	947	958	979	789	809	819	855	891	901	920
3.2　坐姿颈椎点高	599	615	624	657	691	701	719	563	579	587	617	648	657	675
3.3　坐姿眼高	729	749	761	798	836	847	868	678	695	704	739	773	783	803
3.4　坐姿肩高	539	557	566	598	631	641	659	504	518	526	556	585	594	609
3.5　坐姿肘高	214	228	235	263	291	298	312	201	215	223	251	277	284	299
3.6　坐姿大腿高	103	112	116	130	146	151	160	107	113	117	130	146	151	160
3.7　坐姿膝高	441	456	461	493	523	532	549	410	424	431	458	485	493	507
3.8　小腿加足高	372	383	389	413	439	448	463	331	342	350	382	399	405	417
3.9　坐深	407	421	429	457	486	494	510	388	401	408	433	461	469	485
3.10　臀膝距	499	515	524	554	585	595	613	481	495	502	529	561	570	587
3.11　坐姿下肢长	892	921	937	992	1046	1063	1096	826	851	865	912	960	975	1005

3）中国人体水平尺寸

中国人体水平尺寸的十个项目见图2-21和表2-4。

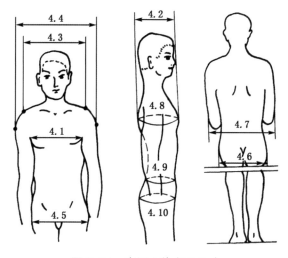

图2-21　中国人体水平尺寸

表2-4　中国人体水平尺寸　　　　　　　　　　　　　　　　　　　　　　　　　　mm

项目	男（18~60岁）							女（18~55岁）						
	P_1	P_5	P_{10}	P_{50}	P_{90}	P_{95}	P_{99}	P_1	P_5	P_{10}	P_{50}	P_{90}	P_{95}	P_{99}
4.1　胸宽	242	253	259	280	307	315	331	219	233	239	260	289	299	319
4.2　胸厚	176	186	191	212	237	245	261	159	170	176	199	230	239	260
4.3　肩宽	330	344	351	375	397	403	415	304	320	328	351	371	377	387
4.4　最大肩宽	383	398	405	431	460	469	486	347	363	371	397	428	438	458
4.5　臀宽	273	282	288	306	327	334	346	275	290	296	317	340	346	360
4.6　坐姿臀宽	284	295	300	321	347	355	369	295	310	318	344	374	382	400
4.7　坐姿两肘间宽	353	371	381	422	473	489	518	326	348	360	404	460	378	509
4.8　胸围	762	791	806	867	944	970	1018	717	745	760	825	919	949	1005
4.9　腰围	620	650	665	735	859	895	960	622	659	680	772	904	950	1025
4.10　臀围	780	805	820	875	948	970	1009	795	824	840	900	975	1000	1044

2. 我国成年人人体功能尺寸

根据 GB/T 10000—1988 中的人体测量数据，以我国成年男子第 95 百分位身高（1775mm）为基准，分析了几种主要作业姿势活动空间设计的人体尺度，以供设计参考（图 2-22~图 2-25）。

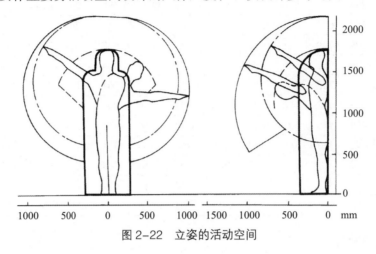

图 2-22　立姿的活动空间

——— 稍息站立时的身体轮廓，为保持身体姿势所必需的平衡活动已考虑在内；- - - -头部不动，上身自髋关节起前弯、侧转时的活动空间；- • -上身不动时手臂的活动空间；——— 上身一起动时手臂的活动空间

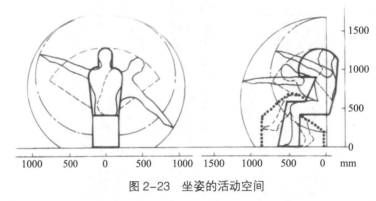

图 2-23　坐姿的活动空间

——— 上身挺直及头向前倾的身体轮廓，为保持身体姿势而必需的平衡活动已考虑在内；- - - -从髋关节起上身向前、向侧弯曲的活动空间；- • -上身不动，自肩关节起手臂向上和向两侧的活动空间；——— 上身从髋关节起向前、向两侧活动时手臂自肩关节起向前和两侧的活动空间；• • • •自髋关节、膝关节起腿的伸、曲活动空间

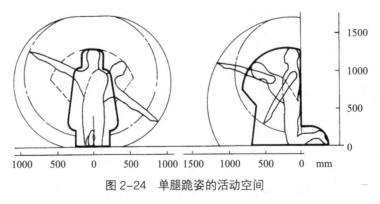

图 2-24　单腿跪姿的活动空间

——— 上身挺直头前倾的身体轮廓，为稳定身体姿势所必需的平衡动作已考虑在内；- - - -上身从髋关节起侧弯的活动空间；- • -上身不动，自肩关节起手臂向前、向两侧的活动空间；——— 上身自髋关节起向前或两侧活动时手臂自肩关节起向前或向两侧的活动空间

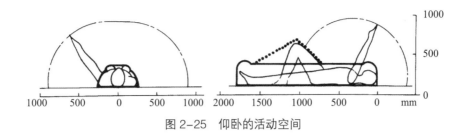

图 2-25 仰卧的活动空间

—— 背朝下仰卧时的身体轮廓；

– • – 自肩关节起手臂伸直的活动空间；

• • • • 膝自膝关节弯起的活动空间

此外，GB/T 13547—1992 提供了我国成年人的常用姿势功能尺寸数据，现整理归纳于表 2-5。表列数据均为裸体测量结果，使用时应增加尺寸修正量。

表 2-5 我国成人男女上肢功能尺寸   mm

测 量 项 目	男（18~60 岁）			女（18~55 岁）		
	P_5	P_{50}	P_{95}	P_5	P_{50}	P_{95}
立姿双手上举高	1971	2108	2245	1845	1968	2089
立姿双手功能上举高	1869	2003	2138	1741	1860	1976
立姿双手左右平展宽	1579	1691	1802	1457	1559	1659
立姿双臂功能平展宽	1374	1483	1593	1248	1344	1438
立姿双肘平展宽	816	875	936	756	811	869
坐姿前臂手前伸长	416	447	478	383	413	442
坐姿前臂手功能前伸长	310	343	376	277	306	333
坐姿上肢前伸长	777	834	892	712	764	818
坐姿上肢功能前伸长	673	730	789	607	657	707
坐姿双手上举高	1249	1339	1426	1173	1251	1328
跪姿体长	592	626	661	553	587	624
跪姿体高	1190	1260	1330	1137	1196	1258
俯卧体长	2000	2127	2257	1867	1982	2102
俯卧体高	364	372	383	359	369	384
爬姿体长	1247	1315	1384	1183	1239	1296
爬姿体高	761	798	836	694	738	783

2.4.2 人体测量数据应用原则

对于不同的人体尺寸数据，有不同的要求和应用。以下将部分人体尺寸的应用场合等列于表 2-6~表 2-8。

人机工程学

表2-6　国标中部分人体尺寸项目的应用场合举例[①]

人体尺寸项目	应用场合举例
2.1　立姿眼高	立姿下需要视线通过或需要隔断视线的场合，例如病房、监护室、值班岗亭门上玻璃窗的高度，一般屏风及开敞式大办公室隔板的高度等，商品陈列橱窗、展台展板及广告布置等
2.3　立姿肘高	立姿下，上臂下垂、前臂大体举平时，手的高度略低于肘高，这是立姿下手操作工作的最适宜高度，因此设计中非常重要，轮船驾驶，机床操作，厨房里洗菜、切菜、炒菜，教室讲台高度等都要考虑
2.4　立姿手功能高	这是立姿下不需要弯腰的最低操作件高度；行走时让手提包、手提箱不拖到地面上等要求，均与这一人体尺寸有关
2.5　立姿会阴高	草坪的防护栏杆是否容易跨越、男性公厕中小便接斗的高度、自行车车座与脚踏的距离等，都与它有关
3.1　坐高	双层床、客轮双层铺、火车卧铺的设计，复式跃层住宅的空间利用等与它有关
3.3　坐姿眼高	坐姿下需要视线通过或需要隔断视线的场合，影剧院、阶梯教室的坡度设计，汽车驾驶的视野分析，需要避免视觉干扰的窗户高度，计算机、电视机屏幕的放置高度，其他坐着观察的对象的合理排布等
3.5　坐姿肘高	座椅扶手高度设计，与坐姿工作、坐姿操作有关的各种机器与器物，例如坐姿操作生产线工作台的高度，书桌、餐桌的高度设计等
3.6　坐姿大腿厚	椅面之上、桌面抽屉下面的空间，是否容下大腿，或允许大腿有一定活动余地
3.8　小腿加足高	很重要，座椅椅面高度设计的依据
3.9　坐深	座椅、沙发座深设计的依据

表2-7　中国成人男女人体主要尺寸[②]

性别	男（18~60岁）					女（18~55岁）				
百分位数/%	5	10	50	90	95	5	10	50	90	95
身高/mm	1583	1604	1678	1754	1755	1484	1503	1570	1640	1659
上臂长/mm	289	294	313	333	338	262	267	284	303	308
前臂长/mm	216	220	237	253	258	193	198	213	229	234
大腿长/mm	428	436	465	496	505	402	410	438	467	476
小腿长/mm	338	344	369	396	403	313	319	344	370	375
立姿会阴高/mm	728	741	790	840	856	673	686	732	779	792
坐姿肩高/mm	557	566	598	631	641	518	526	556	585	594

表2-8　中国成人男女人体功能尺寸

性别	男（18~60岁）			女（18~55岁）		
百分位数/%	5	50	95	5	50	95
坐姿上肢前伸长/mm	777	834	892	712	764	818
坐姿上肢功能前伸长/mm	673	730	789	607	657	707

2.4.3　人体测量数据应用方法

在具体应用人体测量数据进行设计时，有两方面的问题需要考虑：

第一，人体尺寸数据是在被测者不穿鞋袜、只穿单薄内衣并保持挺直站立、正直端坐姿势的情

---

① 阮宝湘. 人机工程学 [M]. 北京：机械工业出版社，2009.
② 表2-7、表2-8均出自：胡海权. 工业设计应用人机工程学 [M]. 沈阳：辽宁科学技术出版社，2013.

30

况下测量得到的，而现实生活中，人们是在穿着衣服鞋袜并处于全身自然放松的状态下进行工作和学习的（图 2-26）。因此，如何使用人体测量给出的数据就成为首先要考虑的问题。

第二，人的体型有很大差异，高矮胖瘦各自不同，所以在进行设计时，还需要考虑以什么样的人体尺寸为标准，是身材高大的，还是矮小的，又或者是身材中等的。

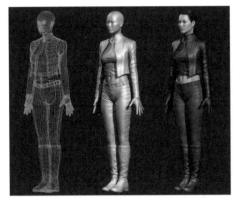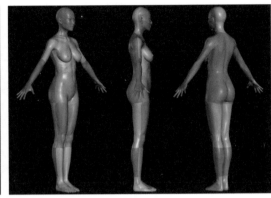

图 2-26 正常着装和着装较少的人体尺寸测量

对于上述两方面问题，国家标准 GB/T 12985—1991《在产品设计中应用人体百分位数的通则》给出了处理原则。这些原则对产品设计以外的室内外环境设计、公共设施设计、工作空间设计等也同样适用。以下介绍国家标准 GB/T 12985—1991 的部分内容。

1. 尺寸修正量

对于上述第一个问题，解决的方法是：应用人体尺寸数据时引进尺寸修正量。尺寸修正量包含功能修正量和心理修正量两部分。

1）功能修正量

为保证实现产品功能，对作为产品设计依据的人体尺寸所作的尺寸修正量包含着装修正量、姿势修正量和操作修正量三个方面。

（1）着装修正量

穿鞋修正量：立姿身高、眼高、肩高、肘高、手功能高、会阴高等，男性 +25mm，女性 +20mm。

着衣着裤修正量：坐姿坐高、眼高、肩高、肘高等 +6mm；肩宽、臀宽等 +13mm；胸厚 +18mm；臀膝距 +20mm。

进行着装修正量的考虑时，需要注意的是，GB/T 12985—1991 给出的上述数据，是适合于人们穿平跟鞋、春秋季穿着不多的部分数据。而现实中的实际情况远远不止这些，比如女性穿高跟、半高跟鞋，冬季人们穿戴较厚衣裤、鞋帽等情况，GB/T 12985—1991 中没有列出数据，在针对这些情况进行设计时，就需要设计人员根据具体情况具体分析，并通过实际测量、实验等方法确定着装修正量。

（2）姿势修正量

人们正常工作、生活时，全身采取自然放松的姿势所引起的人体尺寸变化。

立姿身高、眼高、肩高、肘高等，–10mm；坐姿身高、眼高、肩高、肘高等，–44mm。

（3）操作修正量（即实现产品功能所需的修正量）

上肢前展操作，对于"上肢前展长"（后背到中指指尖的距离），在按按钮时，–12mm；在推滑板推钮、扳拨扳钮开关时，–25mm；在取卡片、票证时，–20mm。

对于操作修正量，同样要注意的是，现实中的操作情况远超过"上肢前展操作"这一种情况；有用上肢操作的，也有用下肢的；有直臂操作的，也有曲臂操作的；有主要手指操作的，也有用手掌操作的，等等。这些操作修正量的数据在 GB/T 12985—1991 中没有列出，事实上国标中也不可能给出所有这些操作修正量的数据。所以，更多"操作修正量"数据，同样需要设计人员根据实际情况，通过实际测量来确定。

2）心理修正量

心理修正量是为了消除空间压抑感、恐惧感，或为了美观等心理因素而加的尺寸修正量。

例如，在设计护栏高度时，对于 3~5m 高的平台，只要栏杆高度略超过人体重心，在正常情况下就能防止平台上人员的跌落事故，但对于更高的平台，人们站在栏杆旁边时，会产生恐惧心理，甚至导致脚下发软、发酸，患恐高症的人甚至会晕倒，因此有必要把栏杆高度进一步加高，以便克服上述心理障碍。这项附加的加高量就是心理修正量。

人的心理会随外界环境的变化而产生各种不同的反应，所以人的心理修正量在不同场景下会存在很大差异。例如，对于家庭住宅、大学教室和礼堂剧院这三种不同的室内空间，其心理空间尺寸修正量存在很大差别，会依次增大很多。假设三者空间高度都以大学教室高度为基准设置成同一尺寸，那么人在这些空间中会有非常不同的心理反应：在正常高度的大学教室中，人会感觉到高度空间比较适宜；在高度加高的家庭住宅中，人会感到空间太高、太空旷；而在高度降低的礼堂剧院中，人又会产生一种空间压抑感。因此尽管以大学教室高度为基准，都能满足三种空间的基本功能要求，但考虑到心理空间要求等因素，还是要将三者设计成不同高度空间（图 2-27~图 2-29）。由此可知，对于平面面积越大的室内空间，人要求的心理空间高度也越高。这种空间的不同心理感受在汽车设计中也能充分体现出来，如越豪华的汽车车内空间设计得越大，也越让人感到舒适、宽敞（图 2-30、图 2-31）。

图 2-27　空间太高的家庭住宅

图 2-28　高度适宜的大学教室

图 2-29　高度降低的礼堂剧院

图 2-30 宽敞舒适的豪华汽车　　　　　　图 2-31 空间狭小的汽车

当然，在考虑人的心理修正量时，还需要考虑其他相关因素的各个方面，并根据实际需要和条件许可来研究确定。研究心理修正量的常用方法是：设置场景，记录被试者的主观评价，综合统计分析后得出数据。

各种尺寸修正量有正值也有负值，总的尺寸修正量是各修正量的代数和：

尺寸修正量 = 功能修正量 + 心理修正量

　　　　　= （着装修正量 + 姿势修正量 + 操作修正量）+ 心理修正量

2. 人体尺寸百分位数的选择

对于上述第二个问题，解决的方法是：根据产品的功能，先分类选择所依据的人体尺寸数据，再确定采用的百分位数。

1）依产品功能分类选择人体尺寸数据

依产品功能特性，将产品尺寸设计分为以下 3 类 4 种。

（1）Ⅰ型产品尺寸设计（又称"双限值设计"）

需要两个人体尺寸百分位数作为尺寸上限值和下限值的依据者，称为Ⅰ型产品尺寸设计。

为了满足不同身材的人使用，产品的尺寸需要进行调节，所以需要一个大百分位数的人体尺寸和一个小百分位数的人体尺寸分别作为产品尺寸设计的上、下限值的依据，这就属于Ⅰ型产品尺寸设计。例如汽车驾驶室的座椅，为使身材高矮不同的驾驶人员都能方便地操纵方向盘、适宜地用脚踩踏油门和刹车踏板、保持良好的驾驶视野，座椅的高低和前后必须要能调节，而且应当以某一高身材（大百分位数）人体尺寸和某一小身材（小百分位数）人体尺寸分别作为座椅尺寸范围限值设计的依据。再比如，办公座椅的高低、画板和相机等支架的高度、腰带和手表表带的长短等，都是这类产品的例子（图 2-32~图 2-35）。

图 2-32 根据人体胖瘦可调节的皮带　　　图 2-33 基于人手胖瘦可调节的手表

图2-34 可调节的汽车座椅

图2-35 可调节的办公座椅

（2）Ⅱ型产品尺寸设计

只需要一个人体尺寸百分位数作为尺寸上限值或下限值的依据者，称为Ⅱ型产品尺寸设计（又称"单限值设计"）。这一类产品又可以分为ⅡA型和ⅡB型两种。

ⅡA型产品尺寸设计（又称"大尺寸设计"）：只需要一个人体尺寸百分位数作为尺寸上限值的依据者。

如果产品尺寸在满足身材高大者需要后，肯定能满足身材矮小者需要的，这种情况就属于ⅡA型产品尺寸设计。它需要一个大百分位数的人体尺寸，作为产品尺寸设计上限值的依据。比如床的长度和宽度、礼堂座位的宽度、吊扇的高度（超过人手上举的高度）、屏风（能阻挡视线）的高度等，都是只要能满足身材高大者的要求，就一定能满足身材矮小者的要求（图2-36、图2-37）。

图2-36 门框高度

图2-37 吊扇高度

ⅡB型产品尺寸设计（又称"小尺寸设计"）：只需要一个人体尺寸百分位数作为尺寸下限值的依据者。

如果产品尺寸在满足身材矮小者需要后，肯定能满足身材高大者需要的，这种情况就属于ⅡB型产品尺寸设计。它需要一个小百分位数的人体尺寸，作为产品尺寸设计下限值的依据。比如超市货架最上层的高度、书架最上层的高度、教室黑板的最上沿的高度、阳台栏杆的间距等，都是只要能满足身材矮小者的要求，就一定能满足身材高大者的要求（图2-38~图2-40）。

图2-38 黑板写字

图2-39 超市货架取货

图2-40 图书馆取书

（3）Ⅲ型产品尺寸设计（又称"平均尺寸设计"）

只需要第50百分位数的人体尺寸（P_{50}）作为产品尺寸设计的依据者。

当产品尺寸与使用者的身材大小关系不大，或虽有一定关系，但要分别予以适应却有其他种种方面的不适宜，则用50百分位数的人体尺寸作为产品尺寸设计的依据，这种情况就属于Ⅲ型产品尺寸设计。比如门把手以及门上锁孔距离地面的高度、大多数文具的尺寸等，一般就按适合中等身材者使用为原则进行设计（图2-41）。

图2-41　门把手距地面的高度

2）人体尺寸百分位数的选择

对于按产品功能分类的Ⅰ型、Ⅱ型、Ⅲ型3类产品，在进行人体尺寸百分位数选择时，只有Ⅲ型产品尺寸设计确定以50百分位数（P_{50}）的人体尺寸作为产品尺寸设计的依据，针对Ⅰ型、Ⅱ型产品尺寸，则考虑以大百分位数、小百分位数作为设计依据，而常用的大百分位数和小百分位数各自有三种不同的选择（P_{90}、P_{95}、P_{99}、P_{10}、P_5、P_1），那么在具体设计时如何选择其中之一呢？关于这个问题，首先要了解"满足度"的概念。

满足度：产品尺寸所适合的使用人群占总使用人群的百分比。

在设计中，达到最大的满足度是其目标之一。但要明确的是，并非满足度越大越好，因为过大的满足度可能会导致其他方面的不合理因素，从而影响设计的整体功效。比如，对于火车卧铺铺位的长度，如果考虑满足身高1.90m或更高的大个子使用，将铺位长度尺寸设计得很大，虽然这样能达到一个很大的满足度，但由于火车车厢的宽度有限，铺位的长度过大必然使另一侧的通道变得很窄，如此会给全体乘客的活动和乘务员的工作带来诸多不便。所以，考虑到满足过往方便的必要通道宽度，可以取男子身高95（或90）百分位数的人体尺寸1775mm（或1754mm）为依据来设计，这个尺寸对于成年男性乘客的满足度就已达到95%（或90%），而对包括女性乘客、儿童乘客、老年乘客在内的全体乘客而言，其满足度显然要高于95%（或90%），这样一来，设计既达到了较大的满足度，又不会给使用过道的乘客造成不便。虽然火车卧铺铺位的长度没有满足所有人的要求，但只是占很小比例的高个子乘客在使用上"委屈一些""将就一些"，就给所有人带来了方便。由此可知，在确定产品的设计尺寸时，应综合考虑各种相关因素，设计合理的满足度，从而使产品的整体功效达到最大（图2-42）。

产品设计中选择人体尺寸百分位数的一般原则如下：

（1）一般产品，大、小百分位数常分别选P_{95}和P_5，或酌情选P_{90}和P_{10}。

（2）对于涉及人的健康、安全的产品，大、小百分位数常分别选P_{99}和P_1，或酌情选P_{95}和P_5。

（3）对于成年男女通用的产品，大百分位数选用男性的P_{90}、P_{95}、P_{99}；小百分位数选用女性的

 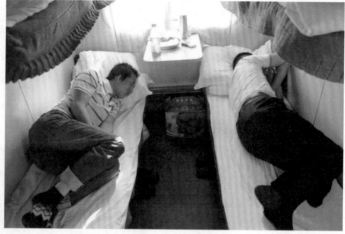

（a）坐姿 　　　　　　　　　（b）睡姿

图 2-42　火车上不同姿势的乘客

P_{10}、P_5、P_1；而Ⅲ型产品设计则选用男、女 50 百分位数人体尺寸的平均值（$P_{50男} + P_{50女}$）/2。人体尺寸百分位数选择和产品满足度的关系见表 2-9。

表 2-9　人体尺寸百分位数的选择和产品的满足度[①]

产品类型	产品性质	作为产品尺寸设计依据的人体尺寸百分位数	满足度
Ⅰ 型	涉及人的安全、健康的产品 一般工业产品	上限值 P_{99}，下限值 P_1 上限值 P_{95}，下限值 P_5	98% 90%
Ⅱ A 型	涉及人的安全、健康的产品 一般工业产品	P_{99} 或 P_{95}（上限值） P_{90}（上限值）	99% 或 95% 90%
Ⅱ B 型	涉及人的安全、健康的产品 一般工业产品	P_1 或 P_5（下限值） P_{10}（下限值）	99% 或 95% 90%
Ⅲ 型	一般工业产品	P_{50}	
成年男女通用 Ⅰ 型Ⅱ A Ⅱ B 型	各种产品	上限值 $P_{99男}$、$P_{95男}$、$P_{90男}$ 下限值 $P_{1女}$、$P_{5女}$、$P_{10女}$	
成年男女通用 Ⅲ 型	各种产品	（$P_{50男} + P_{50女}$）/2	

　　此外，还需了解的是，在设计时虽然确定了某一满足度指标，但有时用一种尺寸规格的产品会无法实现这一要求。在这种情况下，可考虑采用产品尺寸系列化和产品尺寸可调节性设计来解决（图 2-43）。

图 2-43　不同尺寸的短袖 T 恤

① 阮宝湘 . 人机工程学 [M]. 北京：机械工业出版社，2009.

3）产品功能尺寸的设定

尺寸修正量和人体百分位数的选择是产品设计中应用人体尺寸的两个基本要素。把握好这两个要素，就能合理设定产品的功能尺寸。所谓功能尺寸，是指为确保产品实现某项功能所确定的基本尺寸。这里所说的功能尺寸基本限于人机工程范围中与人体尺寸有关的尺寸。比如，沙发座面高度的功能尺寸，是指人坐在上面、被压变形后的高度尺寸。产品功能尺寸有最小功能尺寸和最佳功能尺寸两种，具体设定公式如下：

产品最小功能尺寸 = 相应百分位数的人体尺寸 + 功能修正量

产品最佳功能尺寸 = 相应百分位数的人体尺寸 + 功能修正量 + 心理修正量

= 产品最小功能尺寸 + 心理修正量

2.4.4 人体尺度差异与设计

人的身体尺寸等会因年龄、性别、种族、职业等不同而产生明显的差异。在进行设计时，应当考虑到这些人体尺寸方面的差异性，并根据这种人体尺度的不同进行相应的设计尺度的把握。

1. 因年龄引起的差异

随着年龄的变化，人的很多身体尺寸都会发生改变，尤其是从童年时期到成人时期，这种人体尺寸上的差异非常明显。图 2-44 为男性和女性从童年到成人不同年龄阶段人体尺度的变化情况。

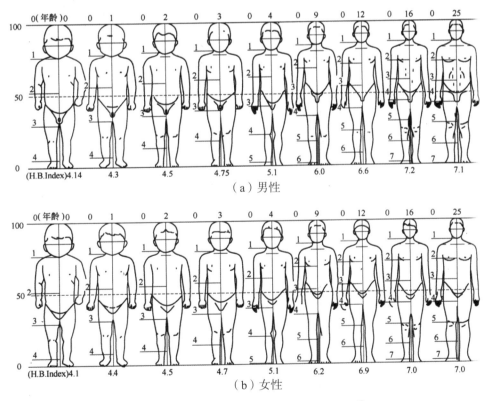

图 2-44　人体不同年龄层次的身高尺寸比例[①]

有研究表明：人到 20~25 岁时身高增长停止，在 35~40 岁时身高开始缩小，女性比男性更为明显。与身高不同，体重和胸围等身体尺寸可一直变大，直到 60 岁左右才开始下降。而体重的下降主要是

---

① 何灿群. 产品设计人机工程学 [M]. 北京：化学工业出版社，2006.

由于肌肉不断消耗，这也导致老年人肌肉强度下降。

　　由于不同年龄阶段的人群在人体尺度上存在很大差异，所以针对这些不同年龄群体所考虑的设计尺度也有很大不同，尤其是针对儿童尺度考虑的设计尺度，与针对一般成年人尺度考虑的设计尺度存在很大差别（图2-45~图2-48）。

图2-45　婴儿汽车座椅

图2-46　婴儿睡袋

图2-47　儿童家具

图2-48　多功能儿童画架

　　儿童是一个弱势群体，在很多时候容易被忽视，但同时，儿童又是社会的未来，家庭的中心，在某些时候，他们常会得到特别的重视。比如，目前市场上出现的儿童用品越来越多，尤其是儿童玩具，其形式、款式等数不胜数，这体现了整个社会对儿童需求市场的重视，但是，经仔细观察就会发现，不少儿童用品仍是按成年人的角度和尺度来考虑和设计的，在这些儿童用品中，有不少尺寸显得过大，不适合儿童的人体尺度。为了使设计能够适合儿童的使用，应当考虑到儿童与成年人完全不同的人体尺度，根据适合儿童的小尺寸展开设计（图2-49~图2-52）。

图2-49　多功能儿童坐便器

图2-50　儿童专用水壶

图 2-51 婴儿智能哄睡床

图 2-52 儿童电动汽车

儿童在各个年龄阶段，知识水平、身体发育状况等方面都会存在差异，所以在设计时还应当充分考虑到不同年龄阶段的不同人体尺度，有时可以通过可调节、可拆装、可组合等方法来进行设计，并利用设计尺度的改变来适应儿童随年龄增长而产生的人体尺度变化要求（图 2-53~图 2-56）。

图 2-53 人性化儿童水池

图 2-54 人性化儿童楼梯扶手

图 2-55 可调节久字椅

图 2-56 可拆装、可调节的儿童餐桌椅

儿童在日常生活中涉及的面很多，因此可设计的面也很广。为儿童考虑的设计不仅具有广阔的发展前景，同时这种关怀儿童的人性化设计对整个设计界以及整个社会都将产生重要的影响。据悉，我国未成年人人体尺寸等四项国家标准已完成草案，不久将正式颁布，这也为我国今后的设计提供了非常重要的儿童人体尺度参考数据。

当然，对于因年龄而产生的人体尺度差异，不能只考虑儿童，还要考虑到老年人。与儿童类似，老年人作为弱势群体，也常常被忽视。而随着我国人口老龄化的发展趋势。老年人尺度可根据原系统计算来确定，限于篇幅，在此就不多作介绍，读者可自行考虑针对老年人尺度所作的设计。

2. 因性别引起的差异

由于性别原因，人体尺寸存在着明显差异。总体而言，成年男性比成年女性身材更高大。而12岁的女孩平均来看又要比同年龄男孩身材高大、体重更重。因为10~12岁是女性身体成长最快期，而男性身体成长最快期则在13~15岁。平均而言，成年女性的身材尺寸约是成年男性相应身体尺寸值的92%。尽管总体来看，成年男性的大多数长度方向的人体尺寸大于成年女性，但在某些人体尺寸上，如胸厚、臀宽及大腿周长等，成年女性的尺寸要比男性的大（图2-57、图2-58）。

图 2-57 不同性别的儿童人体尺寸测量

图 2-58 不同性别的成年男女的人体尺寸测量

此外，在身高相同的情况下，男女身体各部分的比例也有所不同。对比女性而言，男性上肢和下肢长度所占的身体比例要大一些。而对比男性来说，在肢体尺寸中，女性只有臀部至膝部的长度所占身体比例值比男性的大。另外，两性在身体力量和强度方面也存在明显差异。因此，在针对不同性别进行设计时，要考虑这种因性别不同而产生的人体尺度差异，使设计能够分别适合男性和女性的使用（图2-59~图2-62）。

图 2-59 男性手握手机

图 2-60 女性手握手机

图 2-61 男性手机

图 2-62 女性手机

3. 因地域和种族引起的差异

身体尺度及比例关系因人类种群、国籍、地域的不同而具有很大差异性。以身高为例，1962 年部分国家测量数据如下（单位:mm）:（白种人）美国 1793、英国 1736，（黑种人）科特迪瓦 1665，（黄种人）中国北方 1680、日本 1609。由此可看出，相比之下，欧美白种人要比亚洲黄种人身材高大魁梧些（图 2-63）。而且，即使是在同一种群中，地域的不同也会导致人体尺寸的差异。比如我国北方人和南方人的身材尺寸就存在着明显差异，北方人的身高尺寸普遍要比南方人的大。

图 2-63　不同人种的女性

GB/T 10000—1988 按全国划分为六个地区考虑，给出了六个地区人群体重、身高和胸围 3 种人体尺寸的数据，见表 2-10。

表 2-10　中国六地区成年人体重、身高、胸围的数据①

项　目		东北、华北		西　北		东　南		华　中		华　南		西　南	
		均值	标准差	均值	标准差	均值	标准差	均值	标准差	均值	标准差	均值	标准差
男 （18~60 岁）	体重 /kg	64	8.2	60	7.6	59	7.7	57	6.9	56	6.9	55	6.8
	身高 /mm	1693	56.6	1684	53.7	1686	55.2	1669	56.3	1650	57.1	1647	56.7
	胸围 /mm	888	55.5	880	51.5	865	52.0	853	49.2	851	48.9	855	48.3
女 （18~55 岁）	体重 /kg	55	7.7	52	7.1	51	7.2	50	6.8	49	6.5	50	6.9
	身高 /mm	1586	51.8	1575	51.9	1575	50.8	1560	50.7	1549	49.7	1546	53.9
	胸围 /mm	848	66.4	837	55.9	831	59.8	820	55.8	819	57.6	809	58.8

当然，因地域和种族不同而产生的人体差异不仅仅是尺寸上的，还有比例上的。有人体测量调查表明：美国空军中黑人和白人男性军人平均身高虽然相同，但黑人军人群体四肢长度大于白人军人群体；相反，其躯干长度却比白人军人群体的短。还有研究表明：非洲人肩相对于身高的比例要较欧洲人的比例值小；同时，非洲人无论男性女性，臂宽较之欧洲人的小。值得注意的是，不同种族之间，上肢相对长度的差异性与下肢类似。有研究表明：不同种族间身体的差异主要是由四肢的远端部分（即前臂和小腿）在长短上的差异引起的，而不是由于四肢的近端部分（即上臂和大腿）的长短差异所致。

整体而言，这些都是不同地域、不同种族的群体间人体尺度差异的反映。因此，在设计以进入国际市场或不同地区为目标的产品时还必须注意相关国家与地区的人体尺寸数据，以确定设计能够适合相应区域的人体尺度（图 2-64~图 2-67）。

---

① 丁玉兰 . 人机工程学 [M]. 北京：北京理工大学出版社，2005.

图 2-64　东方牛仔裤　　　　　　　　图 2-65　西方牛仔裤

图 2-66　美国汽车内部　　　　　　　图 2-67　日本汽车内部

4. 因时代引起的差异

随着社会的不断进步和生活水平的不断提高，人体身高尺寸发生了很大变化，呈现出不断增长趋势。尤其是在经济发展较快时期，这种人体尺寸的时代差异会较明显地体现出来。比如，欧美国家从 20 世纪初期就逐渐明显地反映出这种人体尺寸的时代差异，日本则从 20 世纪五六十年代开始体现出来。

我国自 20 世纪 70 年代末改革开放以来，经济一直保持着快速发展，人民生活水平也得到大幅提高。显然，我国的人体尺寸也因此而存在较大的时代差异。国家标准 GB/T 10000—1988 是根据 20 世纪 80 年代中期的实测数据制定的，当时还处于改革开放初期，在那之后的 20 年正是我国人民生活水平得到快速提高的时期，也是我国人体身高尺寸快速增长的时期。因此，对于 GB/T 10000—1988 中的部分数据，例如男性平均身高 1678mm，女性平均身高 1570mm，如今有不少人都认为数据偏低。据 2000 年 7 月 18 日《北京青年报》报道：1997 年测定的我国男性平均身高为 1692mm。该数据与 GB/T 10000—1988 中的数据相比，增加了 14mm。也就是说，在国标 GB/T 10000—1988 制定后的 10 年里，我国成年男性的平均身高增加了 14mm。

人体尺寸变化趋势的研究表明，随生活水平提高而导致的人体尺寸增加，一般会延续几十年，但增加的速度会越来越慢。例如欧洲、北美国家在 20 世纪后半叶的近三四十年间，日本在 20 世纪最后十几年间，平均身高的增加已变得很缓慢。欧洲、北美国家在 20 世纪最后十几年中，平均身高已基本稳定，平均体重还有小幅度的增加。

此外，对于人体尺寸的时代差异，还要注意的是，在青少年人群中所体现出的时代差异要比成年人的更为显著。2002年的一份文献指出，教育部、卫生部联合调查显示：从1995—2002年的7年间，我国12~17岁青少年的身高体重明显增加，数据如下：男生身高增加69mm，体重增加5.5kg；女生身高增加55mm，体重增加4.5kg。

由于时代不同而造成的人体尺度差异，使设计的人体参考数据应用具有了一定时代性。因此当设计中需要用到人体尺寸数据时，特别要注意该数据由来的年代，以便确定和使用最新、最恰当的人体数据，从而使设计尺度适应新时代的需要。

5. 因职业引起的差异

不同职业领域的群体在身体尺度上的差异是显而易见的。比如，体操女运动员体型要比一般女性体型瘦小，铅球运动员比一般同性粗壮，篮球运动员要比一般同性高大，而举重运动员又要比一般同性矮小。

因职业引起的人体尺度差异性是由多个因素导致的，如工作时体力活动的类型和强度、某些职业要求特定的身体条件等。因此，在为特定的职业设计工具、用品和环境时，需要考虑到这一职业人群的特定人体尺度，以便使设计尺度符合这一特定职业的人体尺度。

由上述人体测量数据应用及人体尺度差异性等方面的介绍可知，设计中的人体尺度考虑，并不只是一个简单的人体测量数据及其应用，它还包含各种尺度影响因素以及不同情况下所产生的尺度变化等。另外，设计中的人体尺度考虑除上述与人体尺寸相关的一些主要方面外，还包括其他一切与人体相关的生理、心理尺度因素。比如矿泉水瓶和饮料瓶大小的设计，最近几年在我国市场上，除了550mL、600mL等的中等包装之外，还大量增加了300mL、350mL、375mL等的小包装，这些小瓶的设计就是考虑到人们日常饮用量的尺度需要才出现的，因为人们日常出行时，饮用550mL升或600mL的水或饮料，经常会有一部分喝不完，容易造成浪费，而330mL或350mL等小瓶装饮料，非常适合人体日常饮用尺度，并且方便携带，价钱也比大瓶的便宜（图2-68）。因此，对于设计师而言，在把握设计的尺度时，要充分考虑使用者的人体尺度数据、差异及其所有相关尺度因素，并最终使设计的尺度与使用者的人体尺度相适合。

图2-68 不同规格的饮料

第3章 人的视觉感知与设计

3.1 感知觉

感觉是人脑对直接作用于感觉器官的客观事物的个别属性的反映。来自体内外的刺激通过眼、耳、皮肤等感觉器官产生神经冲动，通过神经系统传递到大脑皮质感觉中枢，从而产生感觉。比如当人接触到一个产品时，人的眼睛、皮肤等感觉器官会向大脑传递该产品的颜色、形态、质感等信息，使人可以感觉到产品的颜色是红色还是蓝色，形态是方形还是圆形，质感是光滑还是粗糙。感觉是生理性的感觉器官接收外界的刺激后产生的低级物理反应。图 3-1 为不同属性的外界刺激信息，人们接收到这些信息时会产生不同的感觉。

图 3-1 不同属性的外界刺激信息

知觉是人脑对直接作用于感觉器官的客观事物和主观状况整体的反映。知觉是在感觉的基础上产生的，人脑中产生的具体事物的印象总是由各种感觉综合而成的，没有反映个别属性的感觉，也就不可能形成反映事物整体的知觉。对于外界事物，感觉到的个别属性越丰富、越精确，对事物的知觉也就越完整、越正确。同样以一个产品为例，不管听到、看到或触摸到，人们通过知觉所反映出来的是一个整体的产品，包括它的颜色、形态、功能、使用方式等过去人们对该产品所了解的全部信息。知觉是大脑综合所有感觉信息后形成的结论，是人对于感觉到的事物的理解，也是人运用过去经验或知识等进行心理性处理后的结果。

在生活或生产活动中，人都是以知觉的形式直接反映事物，而感觉只作为知觉的组成部分而存在于知觉之中，很少有孤立的感觉存在。由于感觉和知觉关系密切，心理学中常把感觉和知觉统称为感知觉，简称感知。

在人机系统中，人机之间发生关系和相互作用的过程的最本质联系就是信息交换。而作为最普遍的心理现象，感知觉是人类获取外界信息的基本途径。并且，人也总是通过感知觉来体会产品的形态、颜色、材质以及使用过程等给使用者带来的各种生理和心理感受，并作出相应的反应。人们在购买或使用产品时，不仅是对产品作出一种反应，而且是用身体、思想和感情去感受它。所以，在进行设计时，应当研究人类生理感知的类型和特点，理解并引导人们心理感知的方向，通过与之对应的设计方式来进行信息的叙述与传播，以便实现使用者与产品之间的情感对接，这也是设计的重要目标之一。图 3-2 为人与产品的交互对接的一些生活场景。

图 3-2　人与产品的交互对接

按照刺激的性质以及刺激所作用的感觉渠道不同，感知觉可分为视觉、触觉、听觉以及嗅觉等多种感知方式。在人获得的有关周围世界的信息中，约有 80% 以上的信息是通过视觉获得的（图 3-3）。因此，视觉是人类与外部世界发生联系的最重要的，同时也是人机信息交换过程中使用最多、作用最大的感觉通道。人在人机系统中的效率和工作可靠性很大程度上取决于设计的外在特征与人的视觉功能的匹配程度。

图 3-3　外界大量视觉信息的获得

由于视觉感知在人机系统中具有如此的重要性，所以设计的外在特征是否适合视觉感知，就成为了设计能否实现其功能的关键因素之一。只有充分了解了视觉感知，才能有效地进行针对性的设计考虑，才能使设计形式符合视觉特征，具备良好的信息传递功能。尤其是在当前的信息社会，针对铺天盖地的信息轰炸，如何考虑视觉感知并提高人们选择、吸收信息的效率，更成为设计能否成功的关键（图3-4）。

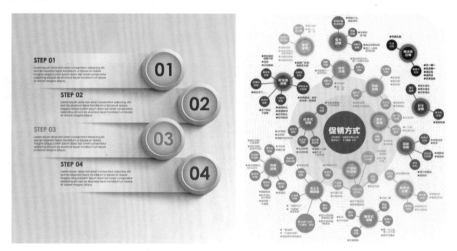

图3-4　简洁明了与复杂烦琐的信息对比

3.2　视觉感知过程

　　人对外界事物的视觉感知并不是一个简单的生理过程，人的视觉不像照相机一样在机械地复制。人对外界信息的接收是有选择性的，并不是所有的信息都进入视觉感知领域。如果不对外界的视觉刺激作出选择，过度地接收刺激就不可避免地产生视觉疲劳，其结果就是什么也捕捉不到。在纷繁复杂的环境中，人的视觉会根据生理心理的不同特点及需要，有所挑选地接收外界信息，对环境中的部分信息，视觉神经会抑制、排斥，甚至会造成视而不见的现象。从有目的的行为来看，人的感知也不是无目的的随意感知，它要受动机意图的指引，人在进行感知时，不是被动地接收外界刺激，而是主动收集那些符合目的需要的信息。在感知过程中，人有目的地通过感官知觉从环境中去觉察那些可以给自己行动提供条件的信息，当人一接收到需要的信息后，马上就会采取相应的感知和行动。在特定目的的指引下，眼睛注视的部位和信息都是特定的。比如，当一个人需要用手机拨打电话时，他拿起手机，眼睛在行为目的的驱使下，会迅速寻找手机的数字拨号按键和显示屏，在这个过程中，人的视觉感知是受到人的意向期待引导的，它只会去关注与拨打电话相关的信息（图3-5）。

图3-5　拨号意象的视觉引导

其实，人在复杂环境中进行物体识别、目标搜索等的视觉感知过程，就是通过视觉来接收外界信息，并对所接收信息进行组织和解释的过程。实际上，人们购买、使用产品的过程就是对产品的解读过程，消费者通过视觉看到产品外在特征，再对其进行解读，并领会隐藏在其表层背后的意义象征，进而获得物质上和精神上的满足。正如阿尔多斯·赫胥黎（Aldous Huxley）总结的视觉加工过程的公式：感觉＋选择＋理解＝观看。此处所谓的"观看"，指的就是人的视觉感知过程。依据赫胥黎的观点可知，人的视觉感知过程可以简单地分为感觉、选择和理解这三个阶段。

3.2.1　视觉感知的感觉过程

　　视觉感知的感觉过程就是通过视觉的感觉器官接收外界信息的过程，即通过眼睛看到外界事物的过程。因为人在进行感知时，首先需要受到外界的刺激，然后才会形成对外界刺激的反映。所以视觉感知的第一步，就是通过视觉去接收外界的信息，也就是这里所说的感觉过程。在这个过程中，决定其接收信息效果的因素主要有：人的视野范围、视觉中心点位置、视网膜能够接收到的外界光刺激范围等（图 3-6）。

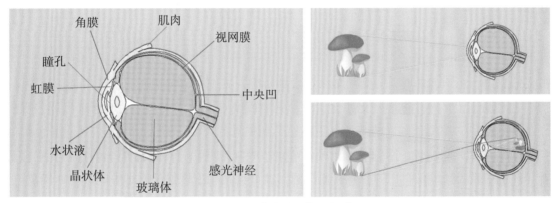

图 3-6　眼睛结构及其视物过程

　　因此，为了达到良好的视觉接收信息效果，就要使外界信息充分符合上述这些因素，从设计的角度来看，就是使设计外在特征具有良好的可视性，即设计本身应当出现在人的有效视野范围内，并且其自身相关的信息要能被人轻易并清晰地感知到。如果一个设计的可视性不好，就会给使用者带来不便。比如：人们常会碰到一些产品，左看右看也找不到控制操作它的地方，仔细琢磨了半天也不知道怎么用，这其中的原因就在于该产品的操控部分常被隐藏到一个不为人所见的位置，因此也就造成了可视性差的问题，导致其信息根本无法被使用者看到和感知到，也许该产品的设计师是为了突破传统、给使用者一种发现的乐趣，但事实上，这样的产品并不是一个好的设计，因为它给很多使用者造成了不便（图 3-7）。

图 3-7　操作按键隐藏的数码产品

所以，针对视觉感知的第一个阶段，设计师要做的就是使设计具有良好的可视性（图3-8）。这其中要考虑的具体视觉特征因素主要有：视野、视区、视线运动特性、视觉适应等。在考虑这些不同因素时，所进行的相关设计细节把握存在很大差异，因此，本章后面将具体针对这些因素以及相关设计考虑进行专门的分析。

图3-8　操作按键清晰可见的产品

3.2.2　视觉感知的选择过程

视觉感知的选择过程，就是通过视觉感知将人所接收到的外界信息进行组织，并从中选择出部分信息的过程，即在眼睛所看到的事物中选择出部分事物来进行进一步了解和行为的过程。人在对外界视觉信息进行组织选择时，会受到多种因素的影响，其中不仅包括人的视觉生理、心理、行为，还包括视觉经验、记忆等多方面。比如，从生理的角度来看，人总会选择性地筛选出那些对视觉产生强烈刺激的信息，像颜色鲜艳的产品总是容易受到视觉的关注，但这并不是说所有颜色鲜艳的产品都会立即受到视觉的注意，因为从人的视觉心理以及从刺激信息与周边环境信息的视觉感知差异性来看，环境中较特殊的信息比较容易引起注意，就好比在二十辆红色汽车中间放上一辆黑色汽车，显然，这辆黑色车受到的关注不仅不会比其他红色车少，甚至可能会更多（图3-9）。

图3-9　易于感知选择的特殊信息

因此，针对视觉感知的选择阶段，设计师要考虑的就是使设计的相关外在特征在符合人的视觉生理心理特点情况下，尽可能与周围环境刺激信息区别开来（这里的环境可能是设计本身），也就是使设计特征具有良好的可选择性，这样，设计的相关信息就能很容易被人从环境中选择出来，如若不然，就可能给使用者带来不必要的麻烦。比如许多人都有过这样的经历：在进出商店、餐厅等场所时，经常是到了门前却不知道往哪伸手，门从哪边开（图3-10（a））。这个问题的出现，就是因为这些门的推拉部分的信息与整体门的信息不易区分，不少设计师常为了美观将把手与门设计成一体，但是，这种"美观"的设计却常给人造成使用上的不便。其实，这个问题可以很简单地解决，就是将推拉部分设置成清晰的推拉把手或拉手，通过清晰的提示使人能迅速选择到需要的信息，让人一看到门就知道往哪个部位伸手（图3-10（b））。对于视觉感知的第二个阶段，具体要考虑的视觉特征因素主要有：视觉注意、视觉信息清晰度等。这些将在本章后面进行具体分析。

（a）无门拉手难于感知的门　　　　　　　　　　（b）有门拉手易于感知的门

图3-10　开启方式感知难易程度不同的门

3.2.3　视觉感知的理解过程

视觉感知的理解过程就是对视觉所选择的外界信息进行解释的过程，即根据过去所知信息对眼睛所见事物的含义进行理解的过程。在这个过程中，人会把视觉获得的信息与记忆中的信息进行比较，并进一步识别、确认外界信息的含义。比如，以各种日常事物构成的笑脸图形，正是人们基于过去印象中笑脸的一种理解和诠释（图3-11）。在视觉感知的理解阶段，往往有多种因素会单独或共同作用来影响人对外界信息的理解过程，主要包括信息特征、人的视觉经验、记忆、学习特点等。

图3-11　不同物体构成的笑脸

为了使人能够快速、准确地理解外界信息，就需要综合地考虑相关影响因素。从设计的角度来看，就是使设计外在特征具有明确的意义指向，符合人的以往视觉经验和记忆学习特点，从而具有良好的可理解性。具体主要有两方面：一方面，可根据设计本身的特征进行相关有效的信息组织，使人一接收到信息就能快速地将其与该设计及其相关作用联系起来；另一方面，尽量考虑到人们以往经验中针对各种信息已形成的概念，这样能够充分利用人们已掌握的知识来对信息进行理解，而并不需要对信息进行过多新的学习与记忆。比如针对一些产品的开关调节控制（尤其是对于出错时可能造成事故的产品），应该不管怎么调节，都能让人一目了然，很明白地看出产品所处的状态，像煤气灶的旋钮开关，长条指针形具有位置指向的就比圆柱或圆锥形无指向的具有更好的可理解性（图3-12）。对于视觉感知的第三个阶段，具体要考虑的视觉特征因素主要有：视觉信息特征、视觉经验等。本章后面将对这些内容进行具体分析。

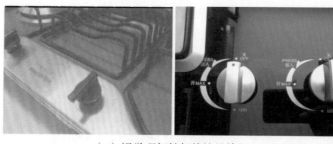 

（a）视觉理解性好的灶具旋钮　　　　　　　　　（b）视觉理解性不好的灶具旋钮

图 3-12　旋钮视觉理解性不同的灶具

3.3　视觉相关特征与设计

3.3.1　视野与视区

1. 视野

视野是指头部和眼睛在规定的条件下，人眼所能看得见的水平面和铅垂面内所有的空间范围。根据头部和眼部是否移动，可将视野分为直接视野、眼动视野和观察视野三种。

直接视野是指头部和双眼静止不动时，人眼可看见的水平面与铅垂面内所有的空间范围。眼动视野是指头部保持固定不动，眼睛为了注视目标而移动时，能依次看见的水平面和铅垂面内所有的空间范围，可分为单眼和双眼眼动视野。观察视野是指身体保持固定不动，头部和眼睛转动注视目标时，能依次看见的水平面与铅垂面内所有的空间范围。

由于在一般情况下，人的头部和眼睛都处于放松状态，所以人的视线并不是水平的，而是在水平线以下。为此 GB/T 12984—1991 定义了"正常视线"的概念：即头部和两眼都处于放松状态，头部与眼睛轴线之夹角为 105°~110° 时的视线，该视线在水平视线之下 25°~35°（图 3-13）。因为正常视线在水平视线以下，所以在 0°~180° 的铅垂面内，人眼在水平线下的视野值要大于在水平线上的视野值。

通过结合正常视线进行考虑，图 3-14、图 3-15、图 3-16 分别给出了直接、眼动、观察这三种视野在水平面和铅垂面两个方向上的角度和最佳值。其中，三种视野最佳值之间的关系如下：

眼动视野最佳值 = 直接视野最佳值 + 眼球可轻松偏转的角度（头部不动）

观察视野最佳值 = 眼动视野最佳值 + 头部可轻松偏转的角度（躯干不动）

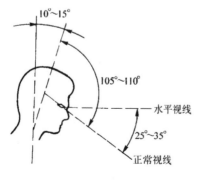

图 3-13　正常视线[①]

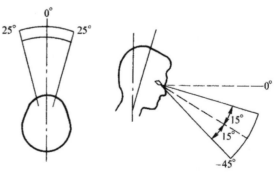

（a）最佳的水平直接视野（双眼）（b）最佳的垂直直接视野

图 3-14　最佳的直接视野

———————————

① 图 3-13 ~ 图 3-17 均出自：阮宝湘. 人机工程学 [M]. 北京：机械工业出版社，2009.

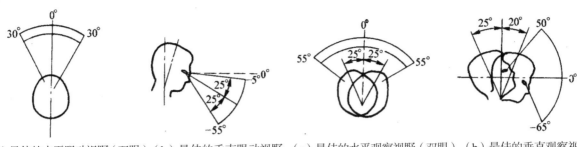

（a）最佳的水平眼动视野（双眼）（b）最佳的垂直眼动视野　（a）最佳的水平观察视野（双眼）（b）最佳的垂直观察视野

图 3-15　最佳的眼动视野　　　　　　　　　　图 3-16　最佳的观察视野

　　另外，由于不同颜色对人眼的刺激有所不同，因此人眼的色觉视野也存在差异，从图 3-17 可看出，人眼对白色的视野最大，对黄色、蓝色、红色的视野依次减小，而对绿色的视野最小。这些色觉视野的差异性参数，给设计的色彩选择提供了一定的参考。

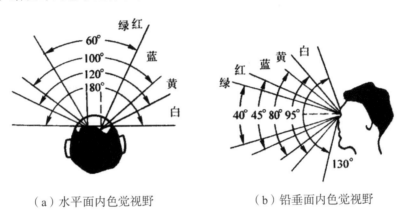

（a）水平面内色觉视野　　　　　（b）铅垂面内色觉视野

图 3-17　色觉视野

2. 视区

　　视野（包括色觉视野）的概念和量值，对设计虽然有一定参考价值，但却不够精细。这是因为视野指的是"可看见的"或"能依次地看见的"空间范围；视野范围内的大部分只是人眼的余光所及，仅能感到物体的存在，不能看清看细。对于一些更细致的信息，视野的技术资料并没有提供，比如人眼能清晰地分辨被视对象的范围大小、人眼能快速看清被视对象的范围大小，等等。而这些数据，却是设计要用的重要参考数据。因此，针对这种需要，就有了视区的概念，以及相关量值的测定。

　　按对物体的辨认效果，即辨认的清晰程度和辨认速度，视区可分为四种：中心视区、最佳视区、有效视区和最大视区，见表 3-1。

表 3-1　不同视区的空间范围及辨认效果[1]

视区	范围		辨认效果
	铅垂方向	水平方向	
中心视区	1.5°~3°	1.5°~3°	辨别形体最清楚
最佳视区	视水平线下 15°	20°	在短时间内能辨认清楚形体
有效视区	上 10°，下 30°	30°	需集中精力，才能辨认清楚形体
最大视区	上 60°，下 70°	120°	可感到形体存在，但轮廓不清楚

① 阮宝湘. 人机工程学 [M]. 北京：机械工业出版社，2009.

从表 3-1 中提供的数据可以看到，中心视区，即人（瞬时）注视、（瞬时内）能清晰辨别形体的范围很小，在水平和铅垂两个方向上都只有 1.5°~3°，这是因为人眼视网膜上视觉神经最密集的黄斑及中央凹非常小的缘故。人眼如果要更大范围地看清被视对象，就需要移动目光进行"巡视"。在表 3-1 中范围不大的"最佳视区"，目光巡视还比较快，但是对于更大范围，目光巡视则变得更慢，尤其当巡视角度到达一定数值以后，巡视需要的时间将显著增加。

由于人的视觉范围有限，因此为了使设计外在特征能够被人的视觉感知到，就必须对人的视野和视区进行了解，并给与充分的考虑。也就是说，应该尽量使设计清晰地显示在人的最佳视野和视区范围内，这样才能使设计信息被人在短时间内看得到、看得清。从设计的角度来进行考虑，主要就是对设计信息的清晰程度、设计相关部分的位置、设计的大小尺寸等几个方面进行把握。

针对设计信息的清晰程度，要考虑的就是使设计的相关部分信息能够清晰地显示出来，让人不费力地扫一眼就能看到、看清。比如，图 3-18 所示的小家电产品，其产品整体界面清晰，操作控制按键醒目，所有操纵显示部分都呈现在人的良好视野范围之内，并且通过局部与整体关系的细心处理，使得设计相关部分与其功能的关系一目了然。在设计过程中，不能将外在特征信息设计得含糊不清，更不能为了体现创新、高科技感等因素而把设计的信息隐藏起来。

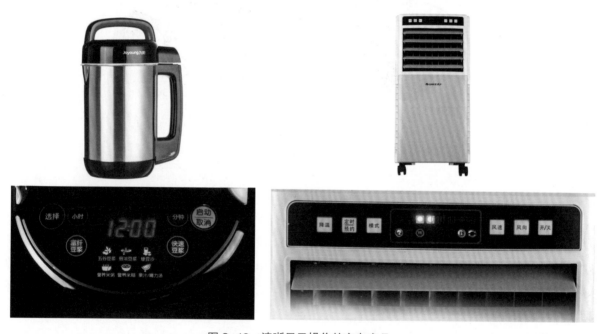

图 3-18　清晰显示操作的家电产品

针对设计相关部分的位置，主要考虑使设计的各个部分能够根据其功能、重要性、使用频率等的不同而设置在合适的位置，从而使人能够在相对应的使用状态或姿势下迅速看到相关部分信息，并因此减少人的观察时间。比如，在设计坐姿高台式控制台时，应当按功能将显示器与控制器分区域布置，同时根据各部分重要性的不同进行更细致的区域划分，在操作者视水平线以上 10° 至以下 30° 的范围内的面板上设置主要的显示器，在视水平线以上 10°~45° 范围内的面板上设置次要的显示器，在视水平线以下 30°~50° 范围内的面板上布置各种控制器。再比如，电饭煲、台式计算机等一些产品的电源开关和功能按键等被设置在产品顶部显眼的位置，就是为了方便人们观察和操作（图 3-19）。

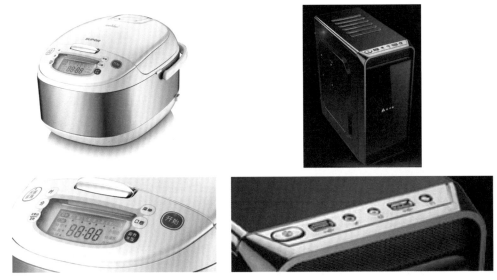

图 3-19 顶部设置控制按键的产品

　　针对设计的大小尺寸，应当考虑使设计的相关部分大小合适，以便人在正常视距情况下，从最佳视野和视区范围内接收到设计信息。要注意的是，并不是观察的视野范围越小就越好，因为人在看清楚外界事物时，还要受到视角和视力的影响。在正常视距情况下，视野范围越小，意味着设计尺寸越小，而影像产生的视角就越小，想要看清楚也就变得越难。通常，小尺寸都会在人的良好视野下被使用，所以要注意的就是其相关部分尺寸不能太小，应当符合人清晰观察的最小范围要求。对于大尺寸产品，尤其是一些超大型的机械设备，应注意其相关部分尺寸不能太大，应当符合人清晰观察的最大范围要求，在考虑正常使用的视距情况下，应尽量把所有设计信息布置在人舒适观察的视野范围内。此外，对于汽车等需要显示足够信息的复杂产品而言，不仅要考虑其信息显示尺寸，还要考虑信息密度，因为如果信息密度过高，用户将很难找到自己需要的信息（图 3-20）。

图 3-20 显示复杂信息的仪表盘

3.3.2 视线运动特性

　　由于人眼在瞬时能看清的范围很小，而人们观察事物多依赖于视线的巡视。因此为了使人能够快速看清相关信息，也需要适当了解视线的巡视特性（即视线运动特性）。

　　视线运动特性主要有：①视线巡视时有一定的习惯方向，水平方向上为从左到右，铅垂方向上为从上到下，旋转巡视时沿顺时针；②视线沿水平方向的运动快于沿垂直方向的运动，且不易感到疲劳，人们对水平方向上尺寸与比例的估测、对水平方向上节拍的分辨，都比对铅垂方向的准确；③双眼视线的运动总是协调的、同步的，所以设计中常取双眼视野为依据。

在进行设计时，应当使设计的相关部分显示符合人的视线运动特性，以便缩短视线运动的时间，减少人的视觉疲劳和出错率。比如，考虑到人视线水平运动的优势，许多设计的显示部分都设计成横向长方形或沿水平排列，像大型设备的仪表外形、手机和电话机上的数字按键都是从左到右排列，就是为了符合人的视线运动习惯，这样的设计也可以减缓视觉疲劳、提高认知效率。如果设计不符合人的视线运动特性，将会给人的观察带来麻烦，进而影响视觉效率，就比如将手机数字按键 1、2、3 等改成从上到下进行排列，其结果是增加了观察和反应的时间，降低了整体效率（图 3-21）。

图 3-21　数字按键左右与上下不同排列的手机

此外，设计时还要注意设计信息显示平面与视线之间的夹角，应尽量使其垂直。这样，可提高看清楚的效率和准确性。比如，对于显示装置较多的仪表板，在条件允许的情况下，应当将其设置成弧围型或折弯型，见图 3-22。这样，一方面可以使显示平面与人的视线尽量保持垂直，有利于加快人看清仪表的速度并减缓眼睛的疲劳，另一方面也可使位于观察中心位置的仪表与位于边缘位置的仪表到人眼的视距接近，以减轻眼睛晶状体调节焦距的负担。汽车仪表板、可调节角度的电脑显示器等的设计，都考虑并遵循了这种"显示平面与视线垂直"的原则（图 3-23、图 3-24）。

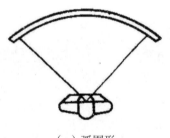
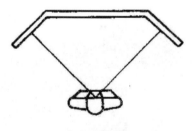

（a）弧围形　　　　　　　　　　（b）折弯形

图 3-22　弧围形、折弯形仪表板[①]

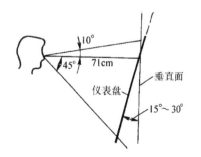
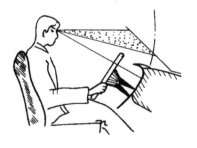

图 3-23　显示装置平面与视线尽量垂直

① 图 3-22、图 3-23 均出自：阮宝湘. 人机工程学 [M]. 北京：机械工业出版社，2009.

图 3-24　可上下左右旋转调节屏幕的计算机

3.3.3　视觉适应

眼睛对光的感受性会随环境光亮度的变化而或快或慢地发生相应变化，这种视觉器官的感受性对光刺激变化的顺应性称为视觉适应。视觉适应有暗适应和明适应两种。

当人从亮处进入暗处，开始时视觉感受性很低，会感到特别暗，但随着时间的延长，感受性逐渐提高，开始时看不见的物体会逐渐看清，这种适应过程称为暗适应。与暗适应相反，从暗处进入亮处的适应过程称为明适应。环境亮度的差别越大，适应所需要的时间就越长。相比较而言，明适应比暗适应所需的时间要短。明适应过程大约经过 1min 就基本完成，而暗适应过程则大约需要30min 才趋于完成。对于暗适应，不同色光的暗适应过程会有差别，像红光的暗适应过程就要快于白光和其他单色光，即人进行暗适应时，同等亮度下，在红光环境中要比在其他色光环境中更快看清楚物体。

在明和暗的适应过程中，人比较容易发生观察的错误，而且，反复的、较大强度的明和暗的适应也容易使人产生视觉疲劳。因此在设计时，针对人眼的明暗适应特征，应尽量通过各种方式来减小产品及其使用环境的亮度差异，以便减少视觉适应的时间和出现频率。比如，很多人都有过这样的经历，在晚上熄灯睡觉时，电灯一关，就什么也看不见，常常要摸索着走到床上，而当半夜起来开灯上厕所时，灯一开，又觉得很刺眼，一下子什么睡意也没了。针对这种问题的出现，就出现了一种低功率、低照度的小夜灯，这种小夜灯亮度不高，不会对人眼产生太大刺激，不管是明适应还是暗适应，它都可以起到一个很好的减小亮度差别的过渡作用（图 3-25）。另外，对于半夜开灯的明适应问题，还可以考虑使用一种在打开之后会逐渐变亮的灯，由于是逐渐变亮，所以也不会对人的眼睛产生太大刺激（图 3-26）。

图 3-25　低照度小夜灯

图 3-26　逐渐变亮的灯

明、暗适应问题，生活中并不少见。例如，人们到电影院看电影，通常一进入黑暗的电影院时很难看清楚座位号，考虑到这种情况，不少电影院就在每一节台阶上以及每排靠走道的座位上设置了照脚灯和座位排数指示灯，方便人们进电影院后尽快看清并找到座位（图3-27）。再比如，由于照明或设计自身结构特征等原因，常会出现有阴影的和亮度频繁改变的工作界面，人们在这种工作环境下作业，会因为眼睛频繁地适应亮度变化而出现视力下降和视觉过早疲劳，并常因此而造成差错。为了避免这种情况的发生，应当在满足工作面光亮度均匀且不产生阴影的条件下，考虑使用缓和照明来减缓适应。又如，人们开车白天进入隧道或夜间进行两车交会时，都会有一个暗适应的过程，因此，为了安全考虑，就需要在进入隧道后的一段距离设置亮度足够的照明，而两车交会时也应提前将远光灯改换成近光灯（图3-28）。

图3-27　带有照脚灯和座位指示灯的影院　　　　图3-28　入口处设置高亮度照明的隧道

3.3.4　视觉注意

视觉注意是心理活动或意识对一定对象的指向和集中。视觉注意的重要功能在于对外界大量信息进行过滤和筛选，即选择并跟踪符合需要的信息，避开和抑制无关的信息，使符合需要的信息在大脑中得到精细的加工。由于人们的生活和工作环境中充满了各种类型的信息，因此视觉注意可以帮助人们在众多显示信息中选择出相关需要的信息。

一般来说，在环境中较特异的、对比差异较强的和对人眼刺激性较大的信息容易被人注意到。为了使设计的相关信息能被人注意并选择到，应当充分考虑视觉注意的这种特点，采用各种合理方式对设计的相关信息进行有效处理，使之能在短时间内就被视觉注意到。比如，遥控器、家电、大型机械加工机床设备等产品的电源开关或紧急制动控制部分非常重要，设计时应对其进行色彩、造型或位置的特殊处理，使其在第一时间内就能被人注意到。考虑到视觉注意特点和认知习惯，这些部分常被设计成红色（图3-29）。

 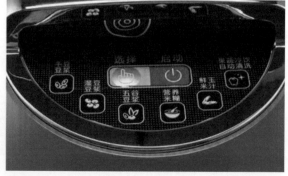

图3-29　电源键设置成红色的产品

另外，与静止不动的信息相比，闪动、移动的信息也较易引起人的视觉注意。因此，对于一些显示和操纵装置比较多的设备，常将其重要的信号设计成闪动显示，像监控系统中雷达显示屏上的移动目标、安全监控显示屏上的火警信号等，在出现状况时，这些闪动的信号往往很快就会引起人的注意。救护车、警车的警灯和一些闪烁的霓虹灯等也都是通过闪烁显示来引起人们的注意（图3-30）。

图3-30 闪动的信号显示

由此可知，在设计整体外在特征符合视觉观察的情况下，可将其中的重要部分在色彩、形态、亮度等方面进行特殊处理，使其信息能很快被人注意到。但需注意的是，不能单纯为了引起人的注意，就将所有的相关信息都设计成特异的、刺激性强的，这样做会使整个环境变得更复杂。要知道人的感知通道是有限的，如果到处都充塞着强刺激信息，反而让人无法集中注意、无从选择。而且信息多了也会增加感知时间，还容易造成视觉疲劳。因此，针对视觉注意，应当合理地规划和组织设计相关信息，在不影响视觉感知效率和舒适度的情况下，尽量使设计信息特征显著，以便被人快速注意到。

针对视觉注意，需要了解的是，除上述一些客观因素外，人的主观因素也会对其产生影响，像人的行动目的、心情等。由于人的感知是受行动目的引导的，所以，人的视觉只会去注意那些与自己行动相关的信息。例如，当一个人渴了想喝水，他只会去寻找、发现饮水机、水杯等与喝水相关的信息，当视觉探测到的刺激信号与喝水相关时，视觉就会固定跟随此信号。尽管"没被注意"的信息比想要的信息多得多，但视觉只会提取想要的信息，而忽略其他信息。

3.3.5 视觉信息清晰度

当视觉对外界事物进行选择时，常常是先选择到一个事物，对其整体视觉意象进行快速扫描并得到一个大致信息，然后接着对事物进一步进行视觉处理，以探测区分各个细节部分的信息。在视觉感知过程中，对相关刺激信息，尤其是相似信息进行分辨选择时，会因为视觉信息清晰度的不同，而出现较大的感知差异。这种清晰度感知差异，主要是由各刺激信息之间以及与环境之间色彩、形态、质感、亮度等方面的不同对比效果引起的，比如，当人从远处辨认前方的多种不同颜色时，易辨认的顺序是红、绿、黄、白，即红色最先被看到。所以，停车、危险等信号标志都采用红色。当两种颜色相配在一起时，则易辨认的顺序是：黄底黑字、黑底白字、蓝底白字、白底黑字等（图3-31）。因而公路两旁的交通标志常用黄底黑字（或黑色图形）（图3-32）。

由于信息清晰度与视觉感知之间存在着密切的关系，因此为了使设计的信息能够被人清晰地辨认并选择出来，应当使显示的目标与背景之间在色彩、形态、亮度等方面具有适宜的、清晰的对比关系，并且通过鲜明醒目的设计，比如通过搭配醒目色等方式，来帮助视觉对相关信息进行快速的识别和正确的选择。图3-33中有四种不同色彩搭配的手表，根据上述两色搭配清晰辨认度的顺序以及人的视觉感受，显而易见，图（a）和（b）的色彩搭配效果，很容易让人辨别出手表指针的位置及指向，而图中（c）和（d）的色彩搭配效果，则让人辨别过程的时间和难度都增加了不少。所以在设计时，应尽量使设计信息清晰可辨，因为显示信息的清晰度越高，越有利于视觉对其作出选择。

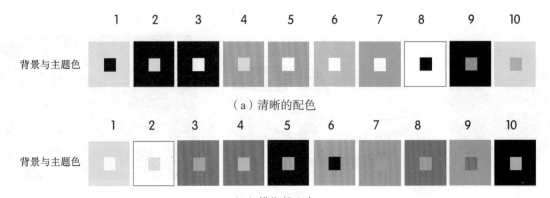

（a）清晰的配色

（b）模糊的配色

图 3-31　清晰度不同的背景与主题色搭配①

图 3-32　公路两旁的交通标志

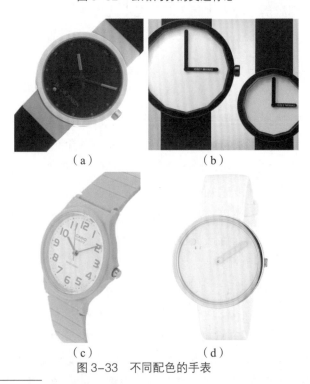

（a）　　　　　　　　　　（b）

（c）　　　　　　　　　　（d）

图 3-33　不同配色的手表

① 刘峰，朱宁家．人体工程学 [M]．沈阳：辽宁美术出版社，2005.

3.3.6 视觉信息特征

按照视觉感知的过程，人在对外界信息进行选择以后，要对视觉信息进行翻译解释，以确定目标信息的含义。就好比一个人拿着一台数码相机，当他看到相机上各种功能按键和显示界面的信息后，会开始对这些信息进行解读，以便确定这台相机的功能和操作等相关方面的含义。在解读过程中，由于视觉信息特征的不同，会使人的理解时间和速度产生一定的差异。而这种差异实际上就是因为设计在通过外在特征进行自我表达时，表达的明确度和清晰度的不同造成的。所以，为了使人能够快速正确地对设计信息进行解读，就要求设计的外在特征具有良好的可理解性，即其视觉信息特征能够让人很快就意识并理解到它所代表的意义，不产生歧义，比如图 3-34 中道路指示牌的设计，通过箭头符号指示方向的指示牌，明显就比纯文字说明的指示牌更简洁明了，识别效率也更高。从设计的角度来看，主要有两方面考虑：第一，视觉信息特征要能清晰显著地表达出设计的相关属性，这是信息避免歧义和抗干扰的根本所在；第二，视觉信息特征要简明，这是信息能被快速辨认、理解、记忆的关键。

图 3-34 不同形式的道路指示牌[1]

针对视觉信息的清晰表达，首先应当考虑设计的功能及作用合理，然后确定采用何种外在特征显示方式，以便使其能最恰当地显示并传递信息。比如，数字显示和模拟显示是广泛使用的两种视觉显示形式，在设计时，常会根据产品的不同功能和要求以及这两种方式各自不同的特点，对它们进行选用。

数字显示的特点是显示简单、直接、精确、认读速度快，且不易产生视觉疲劳，所以它适用于需要记数或读数的信息显示，但由于不能给人以形象化的印象，所以它不适合用于检查、追踪功能的显示。生活中的数字钟表、电子数字计数器、各类数字显示屏等都使用了数字显示的方式（图 3-35）。

图 3-35 数字显示的手表

指针模拟显示的特点是显示的信息形象、直观，使人对模拟值在全量程范围内所处的位置及其变化趋向一目了然，并且它能明显显示出偏差量的大小以及偏差与给定值的相对关系（正或负，增或减），所以它适用于需要不断检测读数和表现其变化速度与方向的监控作业的信息显示。生活中的手表、汽车时速表和油量表、警戒用仪表等都使用了指针模拟显示的方式（图 3-36）。

图 3-36 指针模拟显示的手表及仪表

① 阮宝湘. 人机工程学 [M]. 北京：机械工业出版社，2009.

近年来，指针模拟显示已经逐渐被数字显示和二极管以及其他的发光显示形式所代替，这些对用户而言并不都是有益的。就手表而言，数字显示虽然比模拟显示更准确、更易读，但不少用户还是更倾向于选择后者。其原因之一就是指针式模拟显示的手表提供了关于变化情况的信息，它能告诉用户从现在到某一特定时间还剩多久，当人们举起手腕认读时间时，只要看一下指针的大概位置即可判断出具体时间和剩余时间。同样，一个模拟显示的速度计也能向司机显示汽车速度的不同以及它是否超出限速。

表 3-2 列出了数字或模拟显示适合的不同状况。

表 3-2　为数量信息选择最合适的显示方式（数字与模拟）[1]

状　　况	比较受欢迎的显示		
	模拟		数字
	活动的指示 + 固定刻度	固定的指示 + 移动刻度	
读取精确性是重要的			×
读取速度是重要的		×	×
数值改变得很快或很频繁	×		
用户需要变化率的信息	×		
用户需要相对于固定数值改变了的信息	×		
能显示的最小空间		×	×
用户要求设置数值	×		×

针对视觉信息的清晰表达，其次要考虑的就是尽量使设计的外在相关部分与其所表示的意义有外在或内在的联系，即根据产品的功能和形式对其相关部分进行合理的组织和设计，使其外在特征与所涉及的部分或意义之间具有某种联系。这种联系包括多方面的内容，比如，操纵与显示的相合性（即设计的操控部分与被操控部分或功能的相合性）。操纵与显示相合性的问题，是日常生活中常遇到的问题，人们在调准手表或挂钟时间的时候，常会考虑应该往哪个方向转动调时旋钮，在进入教室或会议室的时候，又在想哪个开关是自己想开的那个灯或吊扇的开关，并且常常是左试右试摆弄好一阵子才搞清楚（图 3-37）。为了避免类似问题的出现，应当从空间、运动变化等方面对操纵与显示的对应关系进行考虑和设计。

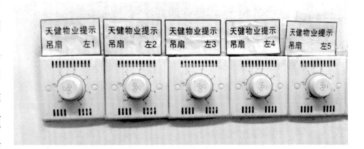

图 3-37　贴标辅助说明的教室吊扇开关

对于空间相合性，应当考虑控制与显示在空间的相似对应或顺序对应，尤其是对有多个控制与显示设置的对象，在空间布置时应尽量使它们具有相似且一一对应的关系。若能使控制与显示在空间排列上保持一致关系，则可加快理解和操作速度、降低出错率。如若不能做到一一对应，也可通过提高两者的顺序对应进行协调。图 3-38 是 8 个操纵器与 8 个显示器的不同布置情况，图（a）所示为一一对应，所以空间相合性好，操纵不会出错，图（b）、（c）所示在空间上没有对应，但还都遵从左到右顺序的排列，其中图（b）所示由于操纵器数量少，所以还不太容易出错，但图（c）所示由于操纵器数量较多，所以出错几率就比较大了。

① 王继成. 产品设计中的人机工程学 [M]. 北京：化学工业出版社，2004.

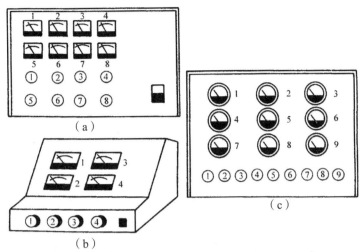

图 3-38　操控主从在空间的相似对应或顺序对应[①]

　　人机工程学的创始人之一查帕尼斯（Chapanis）等人曾对灶眼位置和旋钮开关顺序不同的四种煤气灶进行了测试研究，结果四种配置下的出错率各自不同，依次为 0、6%、10% 和 11%（图 3-39）。这个试验结果也表明，顺序对应关系好的，出错率就低。因此，在对这种煤气灶进行设计时，应通过灶眼与旋钮开关的空间一一对应关系，来提高用户准确理解和操作的速度（图 3-40）。

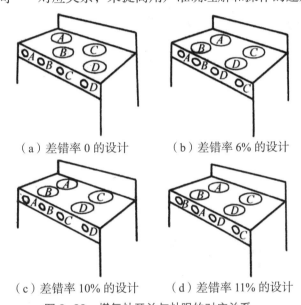

（a）差错率 0 的设计　　　　（b）差错率 6% 的设计

（c）差错率 10% 的设计　　　　（d）差错率 11% 的设计

图 3-39　煤气灶开关与灶眼的对应关系

图 3-40　对应关系不同的煤气灶

① 图 3-38、图 3-39 均出自：阮宝湘 . 人机工程学 [M]. 北京：机械工业出版社，2009.

当然，在设计的空间相合性上，有些时候会因为一些条件的限制，而做不到控制与显示的一一对应。在这种情况下，可以考虑使用色彩、图形符号或指引线等进行标识，以辅助操作与显示的对应关系。比如，针对上述的煤气灶，可以通过指引线来指示对应，使其控制与显示具有良好的空间对应关系，以方便理解（图3-41）。又比如，在一些机器或系统中，对不能一一对应的控制器与显示器，可使用不同色彩对相关联的控制与显示进行编排设置，或者对两者都使用同一种图形符号，像用"↑"和"↓"对表示向上和向下的控制器和显示器进行标识，以提高效率和减少出错率。生活中，这种通过标识来辅助对应关系的设计实例屡见不鲜，像电视机、音响上不同颜色的插孔对应不同颜色的视频、声频插线，计算机主机上配有标识的不同颜色插孔对应鼠标、键盘插线等，都是这种相合性的应用（图3-42）。

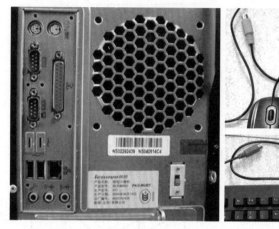

图3-41　用指引线改善对主从对应的识别[①]　　　图3-42　通过不同色彩对应的鼠标、键盘插口

对于运动变化相合性，主要考虑两方面：一方面，应尽量使控制器与显示器在运动方向上保持一致；另一方面，应使控制器与功能要求在变化上保持一致，即考虑操控的形式、方向等与功能要求的协调关系，像开通和关闭、增多和减少、开启与制动等功能要求。图3-43是操纵与显示运动方向保持一致的各种形式。操纵与显示应该在顺时针、逆时针、上下、前后、左右等方向上具有相对应的变化趋势，以保持方向上的一致（图3-44）。

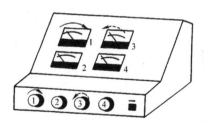
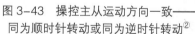

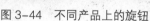

图3-43　操控主从运动方向一致——
同为顺时针转动或同为逆时针转动[②]　　　图3-44　不同产品上的旋钮

3.3.7　视觉经验

人在对外界信息进行视觉感知的过程中，都要把视觉获得的信息与记忆中的信息进行比较，以便理解每一个视觉信息所具有的特定意义。在这一过程中，视觉信息首先对人产生刺激，然后激发其与自身以往的生活经验或行为体会相关联的某种联想，并最终形成一定的概念及印象。由此可知，人们在对视觉所接收到的信息进行理解时，首先要先搜索记忆中的视觉经验，以便找到以往所学习

①② 阮宝湘. 人机工程学 [M]. 北京：机械工业出版社，2009.

记忆的相关信息及其含义，并最终通过相关对应来理解所接收信息的含义。

人们获得的每一个视觉信息的含义，都是从小在大量的生活经验中学习积累起来的。因此，为了提高人们理解设计信息的速度和准确度，在设计时，不仅要考虑设计视觉信息的清晰表达，还要考虑信息接收者（或用户）以往获得的视觉经验。也就是说，不仅要从设计自身的角度出发，还要更多地从用户的角度考虑，了解人们的理解过程和实际操作行为特性，了解用户拥有的知识和经验，并由此来决定设计的外在特征，以缩短学习过程，减少操作错误。比如，人们对许多传统物件（如书、笔、餐具等）有长期的学习和体验，这些物件自诞生之日起就一直沿用的造型能够充分解释本身的功能，不易使人产生认知及操作上的错误。然而由于微电子化、集成化、智能化的发展，现代高科技产品的信息含量越来越多，使得产品造型依附于传统形式的程度也越来越小。在这种形势下，就需要设计师通过一定的设计模式，即造型符号，来引导消费者认知产品的机能。美国的设计师 Lisa Krohn 和 Tucker Viemeister 就借用生活中常见的"个人记事簿"形式，设计了一款"电话簿"电话机（见图 3-45）。该设计充分利用了人们生活经验中所熟悉的视觉符号，创造了一种可视的使用暗示——该如何使用它、它正处于什么状态等，这些暗示使得复杂的使用功能变得清晰简单，易于理解。其具有明显功能指示的四页薄板是电子开关，当翻查它们时，可以转换四种功能模式，像翻到"外出留言"页，电话机就会转换模式记录用户的留言。该设计让复杂操作变得简便化，人们使用时一目了然，不看说明书就能不假思索地使用它。从更深层次的意义上讲，该设计也通过其视觉符号有力地表现出文化中的信息交流连续性——从昨日的印刷手段到今天的电子形式。

在设计中考虑人的视觉经验，具体地说，就是要在设计外在特征上体现某种程度的"视觉经验"，也就是根据人们以往所学习记忆的知识和经验，使每种产品、每个部位、按键开关等都会"说话"，都能通过形态、色彩、结构、材料、位置等来表达自己的含义，"讲述"自己的操作目的和操作方法。比如，Yamaha 公司的电子大提琴，就是根据人们过去所了解和熟悉的传统大提琴的形式设计而成，该设计将传统乐器的优美形态赋予新的电子产品，并通过这种特定的视觉形象，使用户可以结合以往的视觉经验，召唤出该产品的识别和操作记忆（图 3-46）。

图 3-45　"电话簿"电话机[1]

由此可见，设计师应当尽量将人们的视觉经验用到设计中，使用户一看到设计就能明白其相关信息所代表的含义，而不必花费大量时间和精力重新学习记忆。因此，为了便于人们理解，设计的外在特征应当符合人的视觉经验，不应为了标新立异而大量使用全新的形

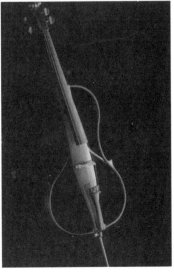

图 3-46　Yamaha 电子大提琴[2]

① 何晓佑，谢云峰.人性化设计 [M].南京：江苏美术出版社，2001.
② 张凌浩.产品的语意 [M].北京：中国建筑工业出版社，2005.

式。这是因为用户总是会将已有的知识投射到新接收到的信息上对其进行理解，如果设计中出现过多新的视觉信息，就会导致信息量过大，而使用户费解甚至无法理解。

当然，物品的意义和概念总是随着新事物的出现而不断拓展变化的，人们的认知也在渐进同步地改变着。并且，随着科技的不断进步，产品的新功能在不断增加，相关控制按键也在不断增加，如何在增加产品新功能、新形式的同时考虑视觉经验，也越来越成为设计师的一种挑战。这里特别要注意的是，在设计中考虑视觉经验并不意味着完全墨守成规、照搬以往，这其中也需要加入新的创造性的元素，并通过新元素来不断拓展产品意义的认知和诠释，以便使用户在方便理解和操作的同时，体验新的设计乐趣。比如，面包形态的烤面包机，就是通过运用面包造型对烤面包机作出的新的诠释的设计结果（图 3-47）。用户在对这一新形式的烤面包机进行认知的过程中，会调整以往已知的烤面包机概念，并结合面包的造型概念，来适应和接纳这一新形态的烤面包机。与其他形态的烤面包机相比，面包形态的烤面包机不仅具有新颖的造型，而且也更易使用户认知到它是烤面包机。

图 3-47　面包形烤面包机[①]

所以，出于对人的视觉经验的考虑，设计中代表特定意义的每个部分（包括设计整体），其外在特征都应当符合人的视觉经验和思考的结果，而且即便是要对其进行创新改变，也应尽量结合与该设计相关的事物的概念，作出适度的变化调整。只有这样，人们才能准确、快速地感知到设计信息，从而接受产品及其功能和使用方法（图 3-48）。

以上对视野、视区、视线特性等一些具体的视觉特征以及相关设计方面进行了分析，从中可知，人的视觉特征与设计的外在特征联系相当紧密。事实上，视觉感知涵盖的特征以及相关设计还有很多方面。比如，针对普遍存在的视错觉现象，设计中往往涉及避免、矫正或利用视错觉的问题。图 3-49 中有两款电子计算器，图 3-49（b）所示的卡西欧计算器采用方形按键，且按键布置较密，会产生光渗错觉（如图 3-49（a）所示），易使人眼花；图 3-49（c）所示的布劳恩计算器，采用圆形按键，基本消除了光渗错觉，用户在使用时眼睛不易产生疲劳。限于篇幅，对于视错觉等其他因素，在此就不一一进行分析，对上述未涉及的视觉特征以及相关设计方面，读者可自查阅相关资料。

图 3-48　香蕉皮形警示牌

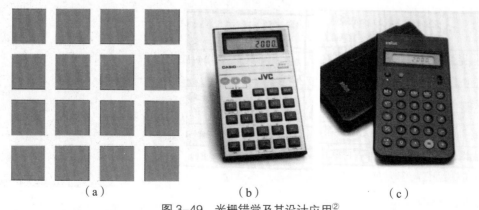

　　（a）　　　　　　　　（b）　　　　　　　　（c）

图 3-49　光栅错觉及其设计应用[②]

① 张凌浩. 产品的语意 [M]. 北京：中国建筑工业出版社，2005.
② 刘春荣. 人机工程学应用 [M]. 上海：上海人民出版社，2009.

3.4　产品外在特征设计步骤

对产品外在特征进行设计时，一般应分三步进行考虑。

第一步，确定产品要传递的信息是什么。这一步要考虑的主要问题是：产品的用途或功能怎样？需要什么样的信息？有哪些信息需要同时显示？……

第二步，确定产品的用户是谁。这一步要考虑的主要问题有：谁或什么是发送者和接收者？使用者的视觉生理心理有什么特点？用户的经验、能力和要求是怎样的？……

第三步，确定产品以何种方式的外在特征来显示传递信息。这一步要考虑的主要问题有：对信息显示的位置安排有什么要求？需要选用什么样的信息编码形式？产品的色彩、形态、材料、质感等细节是什么样的？信息传递的视觉环境是怎样的？综合考虑视觉特征、功效、安全性、费用等因素后的外在特征形式是怎样的？……

在这三个步骤过程中，设计师要记住的是，对产品外在特征的设计过程，其实就是基于人的视觉特征，对产品的造型、色彩、质感等进行一系列统一策划、建构的过程。因为产品主要通过视觉向人提供相关信息，其信息传递效果的好坏，主要看它对人的视觉效能产生什么样的作用和影响。所以一个优良的产品，其外在特征应当具有鲜明醒目、清晰可辨、明确易懂的特点。为了做到这一点，必须在整个设计过程中考虑到使用者的身心行为特点，以便使产品的外在特征能够与使用者的视觉特征相匹配，并且通过其具有识别性的感官形象来满足使用者的需求。

第4章 触觉感知与设计

4.1 触觉感知概述

皮肤是触觉的感觉器官，皮肤接触物体后产生的感知觉最直观地反映出人体对于触觉对象的感觉，这种通过皮肤接触外界物体所产生的感觉称为触觉。触觉对人自身而言具有特殊的重要性。

4.1.1 触觉感知的定义

触觉感知与视觉感知一样，属于人的感知方式之一。尽管触觉感知与视觉感知都属于人的感知，但两者在感知方式及感知特性上有着很大的不同。人的视觉感知的基本特性是：以信息化的方式去认知外在世界，并以此建立个人的知识网络。触觉感知的特性则完全不同，它必须先和感知的目标接触，然后才能亲身去感受目标物体的情况。虽然触觉不如视觉那样能在物体之间快速自由地来回移动进行感知，但它具有全方向的感知能力。

人的身体接触物体后受到刺激时，获得两种信息：一种是表面的信息，主要是指通过皮肤与物体接触所感受到的各种信息（接触反馈）；另一种是肌肉运动知觉的信息，是指通过四肢的位置和运动所产生的力量来得到的信息（力反馈）。接触反馈是指人与物体对象接触所得到的全部感觉，是摸觉、压觉、振动觉、刺痛觉等皮肤感觉的统称，反映了接触的感觉。力反馈是在肌肉、关节和韧带等受到拉伸、压缩或扭曲时的受力感知，感知的是物体重量、冲力和运动等。一般来说，人们与物体接触所获得的信息是这两种信息的混合（图4-1）。

图4-1　接触反馈与力反馈

人机工程学的相关文献多将触觉感知视为触觉、温度觉和痛觉这三种肤觉基本形态中的一种。在其相关意义上，部分学者将其定义为狭义的触觉，即微弱的机械刺激触及了皮肤浅层的触觉感受器所引起的肤觉；还有部分学者对其给出的定义则不仅包括狭义的触觉，还包括较强的机械刺激引起皮肤深部组织变形而产生的肤觉（即压觉），一起统称为"触压觉"。

从人机工程学的角度来分析人的触觉感知，主要的研究对象其实就是外在刺激触及皮肤时人的反馈，即人与物体接触时的反馈。这种反馈包含了触压觉、痛觉等所有皮肤感觉相关的感受（图4-2）。因此，广义的触觉应该是包含了触压觉、痛觉、温度觉等所有感受的肤觉，本章也主要从这个含义上去理解和考虑触觉感知。与视觉感知一样，触觉感知也有不少特性与设计关系密切，尤其是对于人机系统中的人机交互设计而言，很多特性都是设计中必须了解和考虑的。

图4-2 触觉感受

4.1.2 触觉感知的分类

1. 触觉心理感知

心理指的是生物对客观物质世界的主观反应。在心理学中研究的触觉是指皮肤受到机械刺激而产生的内心感觉。触觉心理感知是指从心理学角度研究触觉给人们带来的感知，它是对事物客观属性的间接反射，主要是指根据以往的生理触觉经验刺激而引起的一种触觉内在感觉。人们看到产品包装的形状、肌理、色彩后，会自然而然地再现以往的触觉经验，激活以往的触觉记忆，脑海中会浮现出各种形象，在心理上产生类似触觉的感受。明亮的色彩给人轻而软的感觉，低暗的色彩则给人沉重而坚硬的感觉。例如，青、蓝色让人联想到大海，有一阵清凉感从心里泛起，而红色则让人联想到火，给人炎热的感觉（图4-3）。在生活中，人们对材质、肌理等也有一些触觉心理感知，如人们在冬天不愿意伸手去触摸钢化的杯子，因为依据触觉经验来判断，钢制的材料是冰冷的（图4-4），人们更乐意去触摸给人温暖感觉的毛绒产品（图4-5）。这些心理触感的不同感受，都来源于人们以往的生理触觉经验的累积。由触觉经验而产生的记忆联想，让生理触觉和心理触觉有了交集。

图4-3 色彩的心理联想

图 4-4 材料的心理联想

图 4-5 温暖的毛毯

　　人们的内心追求快乐、满足、舒适和安全的感觉，在使用产品的过程中，也希望通过触觉感受激发联想，求得内心的共鸣，从而获得精神上的愉悦和情感上的满足。比如在生活中，人们坐在沙发上就有不同的心理需求，有的人渴望得到一种自信成功的感觉，有的人希望得到安全、温暖的感觉。人们购买商品时不仅要看一看，还要摸一摸，亲自感受一下（图 4-6）。如果一件商品有着优美的造型、漂亮的色彩，但在触觉上却给人一种生硬、不舒服的感觉，那么人们往往会在心理上产生不快反应，并因此打消购买的欲望。此外，人们还希望从对产品的触觉体验中得到尊重和关怀。荷兰设计师阿尔瓦·阿尔托说："技术的功能主义只有同时扩展到心理学领域才是正确的，这是通往人情化建筑的唯一道路。"同样，产品的触觉设计只有充分考虑人的心理感受，才能真正体现出对人的尊重和关怀。

图 4-6 购买产品时的体验

2. 触觉生理感知

　　触觉生理感知指的是人对外界事物的直接感知，是皮肤受到客观物体的刺激而引起的一种感觉，如外界施加压力使得皮肤部分受到挤压变形所引起的压觉以及外界以一定的振动刺激皮肤所引起的振动觉，这些都是普通意义上的生理触觉反应。对于人体而言，皮肤处于机体的最表层，直接接触体外环境，它是人的内心感应与外界环境的刺激之间的纽带。一般通过肤觉可以感受到冷热、轻重、粗糙与光滑、软硬等。

　　一个产品具有良好的触觉设计，能让人感到舒适、安全和方便。反之，缺乏触觉考虑的产品则易导致人受伤或长期使用引起疾患等。一些产品"握着很舒服、佩戴很轻便、坐着很舒适"等，体现了对人生理上的关怀，也反映了人们在使用时的舒适感受（图 4-7）。

图 4-7 具有良好触觉感知的产品

4.2　触觉设计的概念与特征

4.2.1　触觉设计简介

1. 触觉设计的概念

现代科学技术的高度发展，一方面给人们带来丰富多彩的物质享受，另一方面也拉开了人与人之间的距离，造成人们内心深处的孤独与空虚。在提倡人性化、情感化设计的今天，触觉感知作为人体重要感知之一，自然而然成为人与产品情感交流的关键纽带。触觉作为人体感官的重要组成部分，是设计师在具体设计过程中特别需要注意的一个重点。

触觉设计是以触觉体验为向导的一种新型设计，它将消费者的参与融入设计，使消费者在商品使用过程中感受到美好的体验。触觉设计首先必须有消费者的参与，并根据消费者的触觉体验进行设计，其次设计的对象必须有效地反映消费者的触觉感受。这些恰恰折射出触觉设计的目的，即针对人们在使用产品时的心理活动，使消费者通过触碰产品，最终获得美好体验。

触觉设计与传统的视觉设计、听觉设计明显不同。触觉设计能以更生动、更深刻、更吸引人的形式出现，以崭新的形象多角度地吸引消费者的眼球。视觉设计往往给消费者以视觉上的美感，而触觉设计主要通过触摸产品来感知产品特性或体验产品功能信息，它能使消费者更加真实地认识事物本身。触觉设计从人的心理需求上进行研究，在特定环境下可以直接反映人的心理状态。图4-8所示为一些儿童立体书，这些立体书针对儿童的触觉做了不少考虑，配有立体图案和生活场景，通过不同的材料与结构，效果逼真地反映了生活，让儿童对它们充满了兴趣。儿童在触摸使用书的过程中，能更直观深入地了解生活，锻炼日常生活技能。

图 4-8　儿童立体书

多角度挖掘消费者的需求，将消费者的情感体会融进设计，是触觉设计较为突出的一个优势。因为它能通过材料、肌理等表现出产品的独特魅力，使消费者在使用产品时感受到生活的美好。图4-9所示打火机，在金属材质表面上采用皮革材质，明显地突出了产品的"人情味"，使人们接触该产品时，通过其材质及纹理，产生与以往金属材质感受不同的触觉体验，这种基于触觉感知的产品容易被消费者接受。

图 4-9　打火机

2. 触觉设计的发展

随着21世纪的到来，许多与触觉相关的技术大量兴起，比如触摸屏幕、触摸按键等（图4-10），这些与触觉有关的技术和形式，已经成为新世纪里设计考虑的重点。对于今后设计的趋势及走向，日本物学研究会会长黑川雅之先生曾进行多种探讨并提出：由视觉时代的20世纪转移到触觉时代的

21 世纪。由此可见，在 21 世纪里，设计的出发点已经不再是设计的对象本身，而是在于手掌的触感等属于使用者的感官作用。

图 4-10　触摸屏幕、触摸按键

　　毋庸置疑，以触觉体验为基础、以情感满足为出发点的触觉设计将引领未来设计的发展趋势。这一点可以从苹果公司推出的多个系列产品所获得的巨大成功上得到充分证明。苹果公司在 2001 年推出 iPod 系列播放器，在上市短短数年时间内就风靡全球，其产品吸引人们的重要原因之一就是因为采用了 Click Wheel 触觉滚轮式的操控方式，并由此给用户带来一种全新的操控体验（图 4-11）。这种全新的触摸式操控组合按键，包括滚轮在滚动时发出的滴答滴答的声响，使操控变得更加简便和有趣，也使用户在操作上更为得心应手。这种新的触控方式，让很多用户在使用以后都迷恋上了 iPod，部分用户对触控体验的喜爱甚至超过了对音乐播放这一产品功能的喜爱。在苹果公司推出 iPod 产品之后，许多公司受其启发和影响，相继大量推出了各种触摸操控的电子产品（图 4-12）。

图 4-11　2001 年起苹果公司推出的 iPod 系列播放器　　　　　　图 4-12　触屏电子产品

4.2.2　触觉感知设计的特征

1. 真实感

　　触觉通过对物体的直接接触，感知到物体的质感和肌理，然后再将触觉体验传达给大脑，使人们更加细微、全面地了解事物的本质。并且，由于人们是先接触感觉目标，然后再获得其相关特性，这也使得通过触觉感知所获得的信息往往要比通过视觉所获得的显得更为真实和可靠，因为可触及到的物体毕竟是真实的，人们可以通过触摸物体感受到它的存在。像人们所接触的物体表面的肌理、软硬、光滑度等特征信息，都主要通过触觉来提供。通过触觉辅助视觉，能够提高人们对事物的认知，使事物的信息更加准确、全面、细致地呈现出来。图 4-13 所示产品通过在表面上增设一些凹凸不平的肌理，来加强人们使用时的触觉感受。当使用者将脚踏在这款产品上时，可以感受到产品给脚掌上带来的触觉酸胀感，这种因触碰脚部穴位而产生的酸痛感能达到对脚部按摩的功效，对人们的健康大有好处。图 4-14 所示的儿童休闲玩具，也是针对触觉感受进行设计的产品，它表面凹凸不平的形式给人带来最直接的触觉感受，儿童踩在上面能真实地感受到玩具的存在感，并由此带来更多的玩耍乐趣。

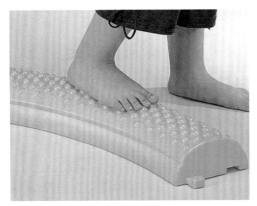

图 4-13　表面具有凹凸肌理的产品　　　　图 4-14　儿童休闲玩具

2. 亲和感

　　触觉有着其他感觉无法替代的特性，这就是其亲和感。如果一件物品单纯从视觉的体验进行了解，很难对物体有全面的认识，总有一种欠缺感。因此，在视觉的作用下若体验者对一件物品产生兴趣后，下一步往往就是用手接触这件物品，因而在视觉得到了满足后，触觉的体验也是至关重要的。如果一件物品在满足了视觉的需求后，产品的肌理、材质等方面在触觉上也给使用者一种亲切感，相信这件物品在使用者眼中就是一件成功的产品。

　　触觉是人体众多的感官之一，从对婴幼儿的抚触，到人类交往之中的肌肤接触，无不体现着触觉的重要性。对成年期的人来讲，被别人触摸或触碰，或去触碰别人，已成为很重要的社会交际方式之一。人们在与亲人、恋人、朋友等拥抱、亲吻时，通过触觉接触可以感受到亲切、温暖、被关怀（图 4-15）。人们总是希望在产品的触觉体验中得到关怀和尊重，因此在选择产品时往往会选择相对比较具有亲和力的产品，而不会选择那些冷冰冰的、单调的、缺乏人性关怀的产品。因此，将触觉设计融入到产品中，能激发人们对产品的亲近感。例如，在儿童选择毛绒玩具时，玩具的材质触感舒适与否有着至关重要的作用，倘若玩具的材质质感能给儿童带来舒适柔软的触觉感受，那么就很容易使儿童与玩具建立亲切感，引导其进一步对玩具的选择与使用（图 4-16）。

图 4-15　亲切、温暖的感受

图 4-16　儿童毛绒玩具

再比如，图 4-17 所示沙发抱枕设计，以生态中的石头为造型，给用户一种天然熟知的印象，产品在质感上舒适柔软，与实际石头坚硬质感恰恰相反，让人出乎意料。该设计也给使用者带来休闲放松的目的，为使用者休息时提供了舒适的环境，使用这款沙发抱枕不仅如同身临自然，而且在精神上也能得到愉悦。

图 4-17　沙发抱枕

3. 引导性

人们每天都在积累日常生活经验，这种经验会使不同的人在接触同一产品时有着不同感受，因此触觉经验本身具有引导性。在设计中运用触觉感受可以引发人们的固有触觉经验，从而让人们感觉到产品的个性、风格以及使用特点。一般来说，人们在选择购买的物品时会无形之中受到触觉设计所引导，并把反馈出的第一感觉作为重要的参考标准。例如，当人们在购买睡衣时，冬天倾向于选择质感较绵柔、温暖的睡衣，而夏天则喜欢选择材料质为清凉、舒爽的丝绸质感的睡衣，之所以会出现这种情况，就是因为触觉给人们带来不同的反馈信息，而人们又往往根据收到的这些感受信息来进行选择。因而触觉经验对人的行为有一种引导作用（图 4-18）。

有时人们在产品体验中会将感官感受中的视觉体验上升到触觉体验。比如，木质地板与瓷砖地板的材质不同，带给人们的感觉就大不一样。木地板的质感让人有大自然的亲切感，并且感受到自然的气息（图 4-19），而瓷砖的质感则让人从视觉上就感觉到凉爽、光滑（图 4-20）。再比如，有些饮料包装设计，通过借鉴水果的天然肌理质感效果，实现了包装材质质感上的创新，更为重要的是，它能引导人们在看到这款包装第一眼时，就能通过以往的触觉和视觉经验联想到这种水果，从而迅速判断出这款产品的口味（图 4-21）。

图 4-18　不同材质的睡衣

图 4-19　木质地板

图 4-20　瓷砖地板

图4-21 饮料包装设计

良好的触觉体验能够使人们在操作时感受到舒适、安全和方便。图4-22展示了电子设备的触摸接口，这些接口通过执行器所产生的触感向用户提供触觉功能并对他们给予程序上的引导。执行器支持不同表面积的触摸手势，并进行相应的触摸反馈。系统将触屏区域发送到设备控制系统中，通过与触觉效果库进行比对，实现相应的程序，并引导用户完成各种操作。

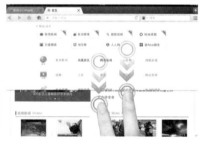

图4-22 电子设备的触摸操作

4.3 触觉设计的相关方面

4.3.1 造型

生活中的工业产品几乎都是要和人身体发生接触的，很多高科技产品更是如此，所以尤其要重视触觉设计在产品造型中所产生的触觉感受。虽然大多数产品只是引发人体的局部触感，但它在瞬间可以传遍人体全身，从而转变为人的整体感觉。人们通过触觉，特别是通过人手的触觉认识客观事物，由此可见，针对人手特点展开的造型设计是触觉设计需要考虑的重要因素之一。

人手不但是认识器官，也是劳动器官，在人的生活实践中起着重要作用。从手掌的结构可以看出，指球肌、大鱼际肌和小鱼际肌肌肉丰富，是天然的减振器，而掌心部分的肌肉最少（图4-23）。所以在设计握把时，应使指球肌、大鱼际肌和小鱼际肌接触把手，并且掌心处于略有空隙的状态。通常，把手的长度应接近或超过手的宽度。手握把时应有一定的活动空间。手柄的直径通常等于或略小于正常的手握最大直径。如果太粗，手就握不住把手；太细，手部肌肉会紧张而疲劳。

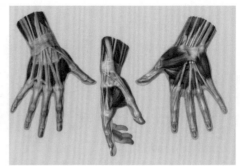

图 4-23　手掌结构

　　符合触觉设计的产品，会结合人体的肌肉研究，细致地考虑如何让人们在日常使用中更舒适，而不是一味追求美观。例如杯子的把手设计，要考虑手的长度、手握最大直径，以及抓握的方式、需要采用几个手指握把手等。图 4-24 通过对手持握水杯的位置的研究，在常态的杯子手柄上加一向上弯曲的曲柄，形态就像一只手竖起大拇指，阻止大拇指向下滑，使其接触杯子时更加牢固。该设计良好地诠释了人机交互的特点，而且在形态比例上也具有观赏性。

图 4-24　手握舒适的杯子

　　触觉设计是针对人的触觉感受来展开的设计，它在操作过程中为使用者提供舒适的触觉感受，使产品设计的功能可以合理地为使用者服务。有时，通过改变产品造型中手部接触部位以及相应的产品比例关系，可以达到方便持握的目的。如图 4-25 所示的鼠标设计，通过形态上的变化，改变了人们抓握鼠标的姿势，给人一种全新的使用体验。它考虑了使用鼠标时五个手指最好都不悬空的自然形态，使手指不仅能自然伸展，并且第三指节指肚正好处于鼠标按键上，有着极佳的操控手感。该设计以人机工程学为基础，充分考虑了手握舒适、施力方便等。

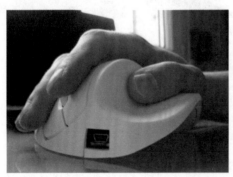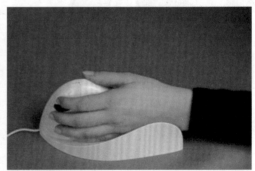

图 4-25　鼠标设计

　　原始形状可分为方形、圆形、三角形、圆柱体、圆锥体、立方体、球体、长方体、方椎体等。将造型运用在触觉设计中，通过对原始形态进行系统分类分析，从用户接触造型所产生的心理反馈来看，使用者对形态的触觉心理有着共同的认知，因此，原始形态常常作为触觉设计的分类基础。如图 4-26 所示汽车内部按钮的造型设计，圆形式按钮是通过旋转接触操作来完成，方形式按钮是依靠用户按压来实行操作，这些汽车内部按键的造型语义符合用户平时的行为习惯，使用户在不看按键的情况下，也能够依靠触觉来感知按钮的形态从而正确地完成操作任务。再例如，键盘中 F、J 和数字 5 键中通常会有突起部分，如图 4-27 所示，这也是为了让使用者不仅依靠视觉而且能通过触觉进行准确定位，从而提高工作效率。

图 4-26 汽车上的按键

图 4-27 键盘中 F、J 和数字 5 键中凸起部分

设计中，应通过产品结构和造型的变化，使产品符合人体特征，产生良好的触觉体验，在使用上提高产品的功能。例如经典的可口可乐瓶设计，曲线瓶身设计非常适合人手抓握，瓶身上重复排列的凹点肌理造型，增强了瓶身与手部的摩擦，使抓握更加稳固（图 4-28）。

4.3.2 色彩

在设计中，色彩是最敏捷、视觉冲击力最大的视觉信息符号。色彩的视觉效果优于图形和文字，具有较强的感召力和表现力。色彩可以首先吸引消费者的眼球，同时产生各式各样的视觉效果。色彩具有温度感和重量感等，因此在意识里会给人们留有不同的触觉表面效果，并引起相应的触觉情感。明亮的色彩有轻而软的感觉，低暗的色彩带给人沉重而坚硬感觉。

图 4-28 可口可乐瓶设计

色彩能够引起触觉上的心理和生理上的效应，比如红色容易引起人兴奋，加快心跳速度，给人一种火热的感受。如图 4-29 所示的红色沙发在整个空间中跳跃出来，给用户一种热情、温暖的触觉感受。相反，图 4-30 的冷色则给人们清凉、冰冷的触觉感知，在心里引发寒冷、冷淡，清凉的触觉感觉。而冷暖色的合理搭配会让整个空间环境更加舒适（图 4-31）。此外，色彩依

图 4-29 红色沙发

托于材料的质感因素而存在，不同质感的材料给人的触觉感受几乎都带有其自身的色彩因素。比如说金属材质的颜色较明亮光鲜，给人轻松明快的感受；木材的颜色较为深沉，给人温暖沉稳的感受

（图 4-32）。

图 4-30 冷色家具

图 4-31 冷暖搭配室内图

图 4-32 材料往往带有自身的颜色

　　除了运用单独色彩产生相应的触觉效应外，还可以运用对比，使其产生强烈的视觉冲击，并且同种材质、不同颜色也能给人们带来不一样的感受（图 4-33）。例如，图 4-34 所示黑色布帘，由于其材质赋予了整个空间神秘感，使人们在接触时感到轻盈和摩挲感；图 4-35 所示黑色手机，由于产品材质光滑明亮，让用户接触时有着坚硬的手感，并由此体验出产品的时尚和高科技化。因此色彩对触觉设计有着至关重要的作用，设计师可根据产品属性特点并结合色彩特性进行设计，进而激发用户对产品的情感。

图 4-33 同种材质不同颜色产品

图 4-34 黑色布帘　　　　　　图 4-35 黑色手机

4.3.3 材料

材料是设计的物质基础,是设计的物质表现方式。材料具有可视性和可触性,它通过视觉和触觉被人们感知。在设计中,材料的选择对触觉的感受影响极大,它会让消费者在接触产品后有一个直接的感官体验。材料表面的质地和肌理是产生不同触觉质感的主要因素。当人们用手去触摸木材、石料、金属、玻璃等材料时,便会对材料质地产生粗细程度的感觉(图4-36)。即使是同类表面状态,由于材质的不同,给人的感受也大不相同。例如,图4-37所示表面粗糙的皮毛和毛石,前者触感柔软、富有人情味;后者坚硬、厚重。另外,表面光滑细腻的材料,如丝绸和玻璃,也存在软硬、轻重等触觉上的差异(图4-38)。

图4-36 石料、金属、木板

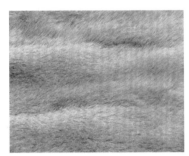

图4-37 皮毛和毛石

图4-38 丝绸和玻璃

注重材料的质感是触觉设计的重点,设计过程中需要强调材料所表现出的属性。通过材料的肌理、造型、视觉元素来丰富触觉感受,把真实的材质和肌理运用到设计之中,能实现产品与用户心理的相互沟通,帮助他们建立有效的联系。

设计材料主要有两大类,自然材料和人工材料。不同的质感给人以不同的触觉体验,所以产品所传达给人的感受也有所差别。比如,石质材料在触觉感受上粗糙坚硬,在设计中运用这样的肌理,可以在产品和用户间建立一种亲近自然感(图4-39)。利用材料本身的自然肌理所带来的不同触觉感受,可以将材料的属性优点发挥出来。有时,运用自然材料,能使产品展现出自然朴实的特征,并在同类商品竞争中脱颖而出,形成很有韵味的设计作品。比如,对于竹质材料的产品,触觉感受更容易让人联想到大自然，当使用者触摸到此类产品便会产生亲切温暖的感受，多了份贴近自然的亲近感（图4-40）。

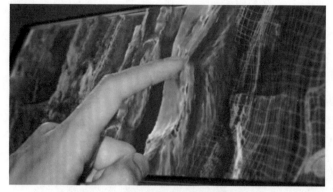

图4-39　石质材料肌理

图4-40　竹质键盘

材料的触觉质感与材料表面的组织构造有着密切关系。因此，除了材料视觉上的效果，它的触觉特性也是设计需要重点考虑的内容，也就是说要将材料肌理的触觉特性利用到最大限度。因为触感的特殊性和重要性，使得产品表面材料肌理在很多时候成为设计的关键。尤其是针对一些需要用手进行操控的产品，其材料选择和表面处理，都有一定的要求。比如，自行车的手柄设计，经常使用橡胶材料，且表面有重复密集排布的凹凸点肌理，其原因就是为了保证手抓握时有较大的摩擦力（图4-41）。

图4-41　自行车把手

4.4　针对特殊人群的触觉设计

在通常情况下，设计只考虑正常人的使用，常常容易忽略弱势群体。在提倡以人为本的今天，设计不仅要考虑正常人的使用需求，也应该注重弱势群体对产品的使用需求，因此要充分考虑弱势群体的生理特征、心理特征和行为习惯，根据特殊人群的特点进行最佳的设计，力求满足他们同等地享受使用产品的需求。

4.4.1　盲人

在特殊人群当中，盲人主要依靠听觉、触觉来获取外界的各种信息。虽然在感知过程中，听觉要比触觉的感知速度快，但从获取信息的频率和类型来看，在日常生活中，盲人其实更依赖于触觉去感知外界世界。从这一角度来看，基于人机工程学的触觉设计，有了更多的人文关怀意义。因为它针对性非常强，是一种更为适合盲人使用方式的设计类型。

对于盲人而言，他们尽管比正常人缺少人类感知类型中最重要的视觉感知，但他们的其他感知，包括听觉、触觉等，都要比正常人的更敏锐。由于盲人普遍拥有比常人更为发达的听觉、触觉，所以他们很容易通过手、耳等感知到外界信息的细微差别，他们对此类信息的感知，往往要比常人先一步，或者多一些。比如，在生活中，当盲人用手去触摸识别周围的事物，感知它们的温度、材质及粗糙程度等，去了解周围环境和事物时，他们总能迅速感知到大量信息。因此，在针对盲人的设计过程中，可以把触觉设计作为主要的设计手法，并辅助相应的功能形态，以便引导视障人群进行使用。

针对盲人所作的良好触觉设计，应该能够重新定义一个产品，实现产品功能的创新表现。从触觉设计特性以及视障人群的生理和心理需求来看，主要可以从设计的形态和材料等相关方面展开研究，针对性地设计出能让他们舒适操作和使用的产品。

首先，从设计的形态来看，由于是针对盲人，所以设计中体现的触觉形态应该成为辅助性的功能形式。也就是说，形态应该充分反映出结合了触觉的功能内容，体现出设计的人机合理性，解决和满足盲人的使用诉求。比如，盲文的运用，其实就是通过凸起的点状形态，形成了一种良好的信息表达。盲人在进行阅读时，就是靠手触摸盲文获取信息内容。盲文是盲人感知过程中最常见的一种触觉形态，不应该仅仅出现在阅读的书本当中，而应该被广泛用于盲人日常生活中出现的产品中，可以用在产品包装上，也可以用在产品本身。

图4-42所示的药盒是专为盲人设计的，在包装上加入凹凸效果的盲文，使盲人通过触摸来了解食用天数以及药粒个数等信息。而且，在包装的开启处，还有一个突出部分，用来提示盲人药盒的开口位置。这样的药盒解决了盲人因看不见而无法识别药品信息的问题。

图4-42　盲人药品包装

图4-43所示是一个盲人体温计的概念设计。盲人在使用体温计时，通过触摸凸起的盲点感知获取体温数据，能够轻松地知道自己的体温是否正常。这样的概念设计方便盲人独自一人完成量体温的操作，不仅是对盲人身体健康的关爱，也提高了该人群的生活质量。

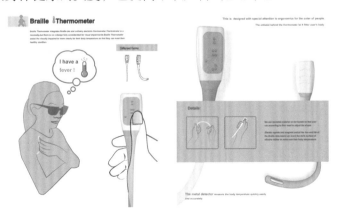

图4-43　盲人体温计概念设计

再比如，图 4-44 所示盲文电子秤是专门为盲人设计的，使盲人在购物时能知道商品的重量。它的外观小巧轻便，功能却很强大，当物品挂在上面时，物品的重量拉动中间的金属圆管，通过感应盲文就显示在把手上方了，盲人最后通过触摸盲文了解物品重量。盲文电子秤既方便又快捷，同样也提高了盲人的自理能力。

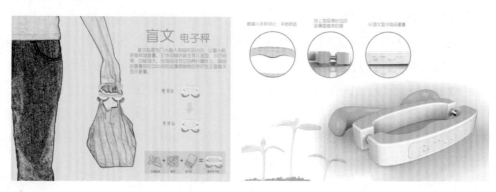

图 4-44　盲文电子秤

其次，从材料的物质性特征来看，材料的肌理等应该被用来塑造产品的触感，使产品能与盲人实现心理沟通。材料不仅产生视觉效果，它还传递某种触感。材料的应用在针对盲人所作的触觉设计中起着重要作用。材料能给盲人一个完整的感官体验，使盲人在接触产品时接收到最直观的触觉感受。图 4-45 是设计师 Duncan McKean 设计的一款盲人国际象棋。象棋分别由白色磨砂钢和深色硬木做成，每个棋子表面分别镶有不同黑色符号的磁铁，盲人通过触摸这些符号，并依据棋盘之间产生的磁场强度来判定上面是白色还是黑色。这样，盲人也能通过特殊的象棋设计享受到博弈的乐趣。

图 4-46 是专门为盲人设计的 Touch Messenger 点字手机。盲人用户可以仅通过触觉来发送和接收手机短信。这部盲人手机的机壳为硅胶材质，质地柔软，有良好的手持触感，而圆润的外形、独特的上小下大设计也让这款盲人手机把握时重心落在手掌心，颇具亲和力。

图 4-45　盲人象棋　　　　　　图 4-46　Touch Messenger 点字手机

图 4-47 为盲人魔方设计，魔方的每个面采用不同材料和不同肌理，盲人在使用魔方的过程中，可以利用触觉感知到每个块面不同的材料和肌理，正确地获取不同面的信息，然后进行准确的定位，最终同样能够像正常人一样使用魔方，享受到魔方的无穷乐趣。

图 4-47　盲人魔方

4.4.2 老年人

随着年龄的增大，老年人在感知系统、肌肉骨骼系统、思维系统、免疫系统等方面出现生理机能衰退。老年人的这种生理变化，让他们不仅更多地需要被人照顾，还需要大量相应的产品和设备对他们进行生活上的帮助，以便提高他们的生活自理能力与生活质量。

在设计老年人使用的产品时，不仅要考虑到正常的产品设计功能，更要充分考虑老年人的特殊生理和心理需求。比如，设计老年人使用的手机时，可以在对动作精确度要求较高的情况下，利用视觉和触觉，将手机按键用材料和颜色加以区分，并加大按键的尺寸与可视度，扩大触摸面积，使老年人在使用时更加简便，并充分地感受到人性化的关怀（图 4-48 ）。

图 4-48 为老年人设计的手机

老年人的触觉是可以通过训练得到恢复和改善的。人们可以利用类似的方法，针对退化的触觉系统，开发设计一些有针对性的玩具或娱乐设施，有针对性地调节老人的触觉神经系统。例如，图 4-49 是有弹力、有触点的橡胶球设计。使用时，它与老人手部与足部接触，小球上下移动，使老人触觉神经得到刺激，同时身体也得到锻炼。另外，通过触觉设计也可以随时关注老年人的身体状况。图 4-50 是设计师 Diana Dumitrescu 设计的一款老年人专用血压监测手镯。它通过内置的充气泡沫接触老年人的筋脉位置，进行监测和观察他们的生命体征。该产品的材质为硅胶，质地柔软，老年人在佩戴时能感受到产品的舒适和亲切，乐于使用该产品，引导自己过更健康的生活。

图 4-49 橡胶球

图 4-50 老年人专用血压监测手镯

4.4.3 婴幼儿

触觉是婴幼儿认识世界的主要方式。透过多元的触觉探索，有助于促进婴幼儿动作及认知发展。良好的触觉刺激是婴幼儿成长不可或缺的要素，它能帮助婴幼儿的触觉得到良好的发育。针对这些特点，可考虑在设计时，从婴幼儿的生活用品方面入手。比如，新生儿早期需要训练"觅食反射"能力，这时，如果父母用手去碰触婴幼儿的嘴，婴幼儿就要受到细菌的侵袭，导致生病，如果母亲每次都用乳头来碰触，不仅费事也浪费时间。针对这样的情况，就可以模拟乳头来设计一个奶嘴和奶瓶，帮助他们成长（图 4-51）。

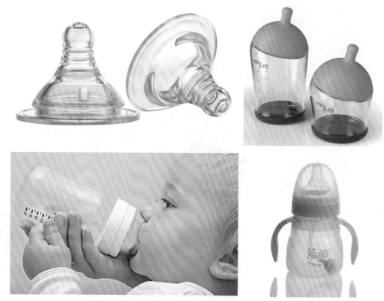

图 4-51　奶嘴、奶瓶的设计

再比如，婴幼儿的玩具设计。在婴幼儿接触、使用玩具的过程中，由于他们的认知和智力发育不完全，心理与生理各方面条件都不成熟，在接触产品时自我保护能力较弱，很容易受到伤害，所以婴幼儿的玩具设计要保证婴幼儿在接触产品时的安全。图 4-52 所示玩具设计，在外型结构上圆滑且无尖锐形态，能够避免婴幼儿在触摸产品时受伤。该产品结构合理、牢固，能够有效防止婴幼儿误食产品的零件。在产品的材质选择上，应当软硬适中，使婴幼儿能感受触碰产品时的乐趣与奇特。此外，人们不仅可以从玩具的结构外形进行设计，还可以用不同的材质、温度、湿度来改变玩具的质感，丰富对婴幼儿触觉的刺激（图 4-53）。

图 4-52　圆滑、无锐角的婴幼儿玩具

图 4-53　不同的婴幼儿玩具

第5章 人的运动系统与设计

运动系统是人体完成各种动作和从事生产劳动的器官系统，由骨、关节和肌肉三部分组成。骨以不同形式连结在一起，构成骨骼，形成人体的基本形态，并为肌肉提供附着。在神经支配下，肌肉收缩，牵拉其所附着的骨，以可动的关节为枢纽，产生各种运动。

运动系统的首要功能是运动，包括简单的移位和高级活动如语言、书写等，都是由骨、关节和肌肉实现的。运动系统的第二个功能是支持，包括人体体形、支撑体重和内部器官以及维持体姿。运动系统的第三个功能是保护，骨、关节和肌肉形成多个体腔，如颅腔、胸腔、腹腔和盆腔，保护脏器。从运动角度看，骨是被动部分，肌肉是动力部分，关节是运动的枢纽。

5.1 人体运动系统组成

骨、关节和肌肉组成人的运动系统，它们在人的运动系统中发挥着不同的作用，骨是运动的杠杆，关节是运动的枢纽，肌肉是运动的动力。

5.1.1 骨

1. 骨的功能

骨是体内坚硬而有生命的器官，主要由骨组织构成。每块骨都有一定的形态、结构、功能、位置及其本身的神经和血管。人体共有 206 块骨，占人体体重的 1/10~1/5。骨按其所在的部位可以分为颅骨、躯干骨和四肢骨。骨与骨之间借助人体纤维组织和软骨等连接，形成骨连接。骨连接有的是以支持保护人体为主，有的是以运动为主。

骨所承担的主要功能有如下几个方面：

（1）骨与骨通过关节连接成骨骼，构成人体支架，支持人体的软组织（如肌肉、内脏器官等）和支承全身的重量，它与肌肉共同维持人体的外形。

（2）骨构成体腔的壁，如颅腔、胸腔、腹腔和盆腔等，以保护脑、心、肺、肠等人体重要内脏器官，并协助内脏器官进行活动，如呼吸、排泄等。

（3）在骨的髓腔和松质的腔隙中充填着骨髓，这是一种柔软而富有血液的组织，其中红骨髓有造血功能；黄骨髓有储藏脂肪的作用。骨盐中的钙和磷，参与体内钙、磷代谢而处于不断变化状态。所以，骨还是体内钙和磷的储备仓库，提供人体需要。

（4）附着于骨的肌肉收缩时，牵动着骨绕关节运动，使人体形成各种活动姿势和操作动作。因此，骨是人体运动的杠杆。人机工程学中的动作分析都与这一功能密切相关。

2. 骨杠杆

人体运动中，骨在肌肉拉力下绕关节转动，它的原理、结构和功能与机械杠杆相似，叫做骨杠杆（图5-1、图5-2）。人体骨杠杆的原理和参数与机械杠杆完全一样。在骨杠杆中，关节是支点，肌肉是动力源，肌肉和骨的附着点称为力点，而作用于骨上的阻力（如自重、操纵力等）的作用点称为重力点（阻力点）。骨杠杆一般可以分为三类：平衡杠杆、省力杠杆和速度杠杆（图5-3）。平衡杠杆的支点在力点和重力点之间，常见于头部。省力杠杆的重力点在支点和力点之间，这样的杠杆省力，但运动距离不大。速度杠杆的力点在重力点和支点之间，这样的杠杆虽然费力，但运动速度和范围都很大，在人体运动中，这类杠杆居多。

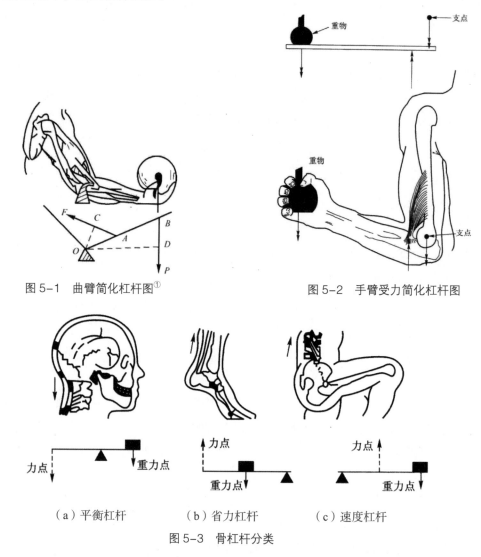

图5-1　曲臂简化杠杆图①　　　　　　图5-2　手臂受力简化杠杆图

（a）平衡杠杆　　　　　（b）省力杠杆　　　　　（c）速度杠杆

图5-3　骨杠杆分类

---

① 图5-1~图5-3均出自：赵江洪. 人机工程学 [M]. 北京：高等教育出版社，2006.

由机械学中的等功原理可知，利用杠杆省力不省功，得之于力则失之于速度（或幅度），即产生的运动力量大而范围就小；反之，得之于速度（或幅度）则失之于力，即产生的运动力量小，但是运动范围大。因此，最大的力量和最大的运动范围两者是相矛盾的，在设计操纵动作时，必须考虑这一原理。

5.1.2　关节

全身骨与骨之间借一定的结构相连接，称为骨连接。骨连接分为直接连接和间接连接两类，直接连接为骨与骨之间借结缔组织、软骨或骨相互连接，其间不具腔隙，活动范围很小或完全不能活动，故又称不动关节。间接连接的特点是两骨之间借膜性囊互相连接，其间具有腔隙，有较大的活动性，这种骨连接称为关节，多见于四肢。

关节由关节囊、关节面和关节腔构成。关节囊包围在关节外面，关节内的光滑面被称为关节面，关节内的空腔部分为关节腔。正常时，关节腔内有少量液体，以减少关节运动时的摩擦。关节有病时，可使关节腔内液体增多，形成关节积液和肿大。关节周围有许多肌肉附着，当肌肉收缩时，可作伸、屈、外展、内收以及环转等运动。

骨与骨之间除了由关节相连外，还由肌肉和韧带连接在一起。因韧带除了有连接两骨、增加关节的稳固性的作用以外，还有限制关节运动的作用。所以，人体各关节的活动有一定的限度，超过限度，将会造成损伤。另外，人体处于各种舒适姿势时，关节必然处在一定的舒适调节范围内。表5-1

表5-1　人体重要活动范围和身体各部分舒适姿势调节范围[1]

身体部位	关　节	活　动	最大角度 / (°)	最大范围 / (°)	舒适调节范围 / (°)
头至躯干	颈关节	低头，仰头 左歪，右歪 左转，右转	+40，−35[1] +55，−55[1] +55，−55[1]	75[1][4] 110 110	+12~25 0 0
躯干	胸关节 腰关节	前弯，后弯 左弯，右弯 左转，右转	+100，−50[1] +50，−50[1] +50，−50[1]	150 100 100	0 0 0
大腿至髋关节	髋关节	前弯，后弯 外拐，内拐	+120，−15 +30，−15	135 45	0（+85~+100）[2] 0
小腿至大腿	膝关节	9. 前摆，后摆	+0，−135	135	0（−95~−120）[2]
脚至小腿	脚关节	10. 上摆，下摆	+110，+55	55	+85~+95
脚至躯干	髋关节 小腿关节 脚关节	11. 外转，内转	+110，−70[1]	180	+0~+15
上臂至躯干	肩关节（锁骨）	外摆，内摆 上摆，下摆 前摆，后摆	+180，−30[1] +180，−45[1] +140，−40[1]	210 225 180	0 （+15~+35）[3] +40~+90
下臂至上臂	肘关节	15. 弯曲，伸展	+145，0	145	+85~+110
手至下臂	腕关节	外摆，内摆 弯曲，伸展	+30，−20 +75，−60	50 135	0[3] 0
手至躯干	肩关节，下臂	18. 左转，右转	+130，−120[1][4]	250	−30~−60

注：给出的最大角度适于一般情况。年纪较大的人大多低于此值。此外，在穿厚衣服时角度要小一些。有多个关节的一串骨骼中若干角度相叠加产生更大的总活动范围（例如低头、弯腰）。[1]得自给出关节活动的叠加值；[2]括号内为坐姿值；[3]括号内为在身体前方的操作；[4]开始的姿势为手与躯干侧面平行。

---

[1] 丁玉兰. 人机工程学 [M]. 北京：北京理工大学出版社，2005.

为人体重要活动范围和身体各部分舒适姿势调节范围，该表中的身体部位及关节名称可参考相应的示意图（图5-4）。

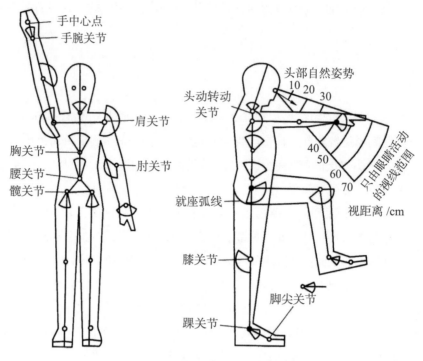

图5-4　人体各部位活动范围示意图[1]

5.1.3　肌肉

运动系统的运动都需要通过肌肉收缩而牵动骨绕关节运动。显然,肌肉是人体运动能量的提供者,人的活动能力由肌肉决定。

1. 肌肉的生理特征

1）肌肉结构

人体骨骼肌共有600余块,分布广,约占身体总重量的40%,分布在身体的各个部位。

2）肌肉收缩

肌肉最重要的活动行为就是肌肉收缩。肌肉收缩产生肌力,肌力的大小受很多因素的影响,比如肌肉长度。运动距离越长,做功越多。肌肉长,收缩时运动距离大,做功多,产生的肌力就大。为了达到增加肌肉长度的目的,运动员常常要做专门的拉伸活动。再如,肌肉横截面积的大小。每条肌纤维都有一定的收缩力,肌力的大小为许多肌纤维收缩力之和。如果肌肉横截面积大,那么参与运动的肌纤维数量就多,产生的肌力就大。在同样的训练条件下,由于女性肌肉横截面积小,肌力大约比男性要小30%。

2. 肌肉施力

1）动态肌肉施力和静态肌肉施力

肌肉收缩产生肌力,而肌力可以作用于骨,然后通过人体结构再作用于其他物体上,这个过程

---

① 丁玉兰. 人机工程学 [M]. 北京：北京理工大学出版社，2005.

称为肌肉施力。肌肉施力有两种方式：动态肌肉施力和静态肌肉施力。动态肌肉施力就是肌肉运动时收缩和舒张交替改变（图5-5（b））。静态肌肉施力则是持续保持收缩状态的肌肉运动形式(图5-5(c))。

在日常生活中，有很多静态施力的例子。比如人站立的时候，从腿部、臀部、腰部到颈部，就有许多块肌肉在长时间静态施力或受力。事实上，无论人的身体姿势如何，都有部分肌肉静态受力，只是程度不同而已。同样地，几乎所有的职业劳动都

（a）静息状态（b）动态施力状态（c）静态施力状态

图5-5　动态施力和静态施力①

包括不同程度的静态施力，如抱起重物、向前弯腰等，图5-6（a）就是两个静态施力的例子。需要说明的是，通常某项作业既有静态施力，也有动态施力，很难划分彼此的界限，但是，由于静态施力的作业方式比较"费力"，因此，应该首先处理好静态施力的问题，例见图5-6（b）、（c）。

装卸重物

在铸造车间往模具里筛砂子

（a）静态施力　　　　　　　（b）电动螺丝刀的重量平衡　　　　（c）印刷版的制作

图5-6　生活中静肌施力场景图

2）静态施力的生理效应

在静态作业的情况下，人体会产生一些生理变化，与动态施力相比，静态施力会造成能量消耗加大、肌肉酸痛、心率加快和恢复期延长等现象。造成这些现象的主要原因是供氧不足，糖的代谢无法释放足够的能量以合成高能磷酸化合物；其次是肌肉内积累了大量的乳酸，氧债是静态施力的必然效应。Mzlhotra 等人研究发现，中学生单手提书包比背书包要多消耗一倍多的能量，这主要是由于手臂、肩和躯干部分静态施力引起的（图5-7）。

Hettinger 在研究手工播种土豆中发现，手提篮子播种 30 min 后心率增加量比挎着篮子播种 30 min 后心率增加量要多（图5-8）。可见，心脏负荷的增加是手提篮子造成的静态施力的结果。

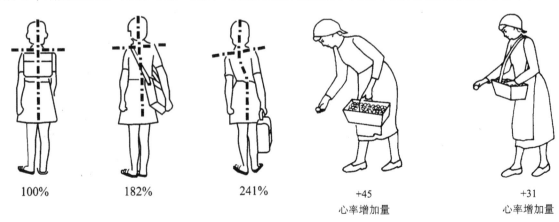

100%　　　　　　　182%　　　　　　　241%　　　　　　+45　　　　　　　　+31
　　　　　　　　　　　　　　　　　　　　　　　　　　　心率增加量　　　　　　心率增加量

图5-7　三种携带书包的方式下静态施力产生的氧消耗量　　图5-8　手臂静态施力对播种者心率的影响

① 图5-5~图5-10 均出自：赵江洪 . 人机工程学 [M]. 北京：高等教育出版社，2006.

　　长时间静态施力，就会发生永久性疼痛的病症，如关节炎或椎间盘等病症。这样的病症分为两类，一类是劳累性疼痛，一般位于肌肉和腱，痛的时间短，位置容易确定，比较容易恢复。另一类的疼痛部位扩散到关节，即使停止工作也疼痛不止，而且这些疼痛总和某个特定的动作或身体姿势有密切的联系。这类疼痛的原因是身体内的某些炎症和组织的病变，可能会产生严重的后果。表5-2说明了静态施力可能引起的疼痛的情况。

表5-2　静态作业与人体症状[①]

作业姿势	可能疼痛的部位	作业姿势	可能疼痛的部位
站立于一个位置	腿和脚，静脉曲张	坐或站时，弯背	腰；椎间盘症状
座椅无靠背	背部的伸肌	水平或向上伸手	肩和手臂；肩周关节炎
座椅太高	膝关节；小腿；脚	过分低头和仰头	颈；椎间盘症状
座椅太低	肩和颈	不自然地抓握工具	前臂腱部炎症

　　飞利浦公司曾经对50名去医院检查身体活动不适的工人进行了研究，发现其中39人的症状明显与工作时不良的姿势有关。图5-9表明了机床操作中不良的操作姿势。图5-9（a）中操作铣床的工人易腰疼，图5-9（b）中操作钻床的工人肩和手臂易出现酸痛。

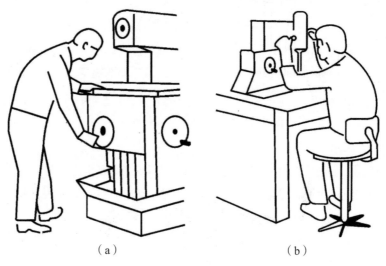

（a）　　　　　　　　　　　（b）

图5-9　不良的操作姿势

3）静态施力极限

　　研究发现，静态施力时，肌肉供血受阻的大小与肌肉产生的力成正比。当用力大小达到最大肌力（某种方式用力的最大值）的60%时，血液输送几乎会完全中断。而用力只有个体最大肌力的15%~20%时，血液循环基本保持正常。在这样的情况下，即使是静态施力，也可以持续一定时间。图5-10说明了肌肉收缩最长延续时间与肌肉施力大小的关系。从图中可以看出，肌肉施力若超过最大肌力的50%时，肌肉收缩的时间最长只能维持1min；但当肌肉施力只有最大肌力的20%时，肌肉收缩的时间可以比较长。因此，在设计作业动作的时候，首先应该尽量减少静态施力的产生，肌肉施力大小应该低于肌肉最大肌力的15%。

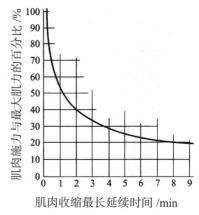

图5-10　肌肉施力与肌肉收缩时间的关系曲线

① 赵江洪.人机工程学 [M].北京：高等教育出版社，2006.

5.1.4 合理施力的设计思路

1. 避免静态肌肉施力

提高人体作业的效率，一方面要合理使用肌力，降低肌肉的实际负荷；另一方面要避免静态肌肉施力。无论是设计机器设备、仪器、工具，还是进行作业设计和工作空间设计，都应遵循避免静态肌肉施力这一人机工程学的基本设计原则。例如，应避免使操作者在控制机器时长时间地抓握物体。当静态施力无法避免时，肌肉施力的大小应低于该肌肉最大肌力的15%。在动态作业中，如果作业动作是简单的重复性动作，则肌肉施力的大小也不得超过该肌肉最大肌力的30%。

避免静态肌肉施力的几个设计要点如下。

（1）避免弯腰或其他不自然的身体姿势（图5-11（a））。当身体和头向两侧弯曲造成多块肌肉静态受力时，其危害性大于身体和头向前弯曲所造成的危害性。

（2）避免长时间地抬手作业，抬手过高不仅引起疲劳，而且降低操作精度，影响人的技能发挥，在图5-11（b）中，操作者的右手和右肩的肌肉静态受力，容易疲劳，操作精度降低，工作效率受到影响。只有重新设计，使作业面降到肘关节以下，才能提高作业效率，保证操作者的健康。传统的直杆式的烙铁，当在工作台上操作时，如果被焊物体平放于台面，则手臂必须抬起才能施焊（图5-12（a））。改进的设计将烙铁抓握部分做成弯把式，这样操作过程中手臂就能处于较自然的水平状态，减少了抬臂产生的静肌负荷（图5-12（b））。

（a） （b）

图5-11 不良的作业姿势[①]

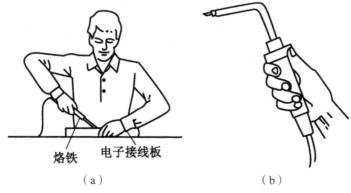

烙铁 电子接线板

（a） （b）

图5-12 烙铁把手的设计

---

① 赵江洪．人机工程学 [M]．北京：高等教育出版社，2006.

（3）坐着工作比站着工作省力。工作椅的座面高度应调到使操作者能十分容易地改变立和坐的姿势的高度，这就可以减少立起和坐下时造成的疲劳，尤其对于需要频繁走动的工作，更应如此设计工作椅。

（4）双手同时操作时，手的运动方向应相反或者对称运动，单手作业本身就造成背部肌肉静态施力。另外，双手作对称运动有利于神经控制。

（5）作业位置（座台的台面或作业的空间）高度应按工作者的眼睛观察时所需的距离来设计。观察时所需要的距离越近，作业位置应越高。由图5-13可见，作业位置的高度应保证工作者的姿势自然，身体稍微前倾，眼睛正好处在观察时要求的距离。图中还采用了手臂支撑，以避免手臂肌肉静态施力。

图5-13　适应视觉的姿势[①]

（6）常用工具，如钳子、手柄、工具和其他零部件、材料等，都应按其使用的频率或操作频率安放在人的附近。最频繁的操作动作应该在肘关节弯曲的情况下就可以完成。为了保证手的用力和发挥技能，操作时手最好距眼睛25~30cm，肘关节呈直角，手臂自然放下。

（7）当手不得不在较高位置作业时，应使用支撑物来托住肘关节、前臂或者手。支撑物的表面应为毛布或其他较柔软而且不凉的材料。支撑物应可调，以适合不同体格的人。脚的支撑物不仅应能托住脚的重量，而且应允许脚作适当的移动。

（8）利用重力作用。当一个重物被举起时，肌肉必须举起手和臂本身的重量。所以，应当尽量在水平方向上移动重物，并考虑利用重力作用。有时身体重量能够用于增加杠杆或脚踏器的力量。在有些工作中，如油漆和焊接，重力起着比较明显的作用。在顶棚上旋螺钉要比地板上旋螺钉难得多，这也是重力作用的原因。

当要从高到低改变物体的位置时，可以采用自由下落的方法。如是易碎物品，可采用软垫。也可以使用滑道，把物体的势能改变为动能，同时在垂直和水平两个方向上改变物体的位置，以代替人工搬移（图5-14）。

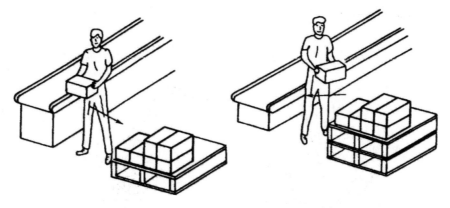

图5-14　保持从高到低的方向装卸货物[②]

2. 避免弯腰提起重物

人的脊柱为"S"曲线形，12块胸椎骨组成稍向后凹的曲线，5块腰椎骨连接成向前凸的曲线，每两块脊椎骨之间是一块椎间盘。由于脊柱的曲线形态和椎间盘的作用，整个脊柱富有一定的弹性，

①② 丁玉兰. 人机工程学 [M]. 北京：北京理工大学出版社，2005.

人体跳跃、奔跑时完全依靠这种曲线结构来吸收受到的冲击能量。

脊柱承受的重量负荷由上至下逐渐增加,第5块腰椎处负荷最大。人体本身就有负荷加在腰椎上,在作业时,尤其在提起重物时,加在腰椎上的负荷与人体本身负荷共同作用,使腰椎承受了极大的负担,因此人们的腰椎发病率极高。

用不同的方法提起重物,对腰部负荷的影响不同。如图5-15(a)所示,直腰弯膝提起重物时椎间盘内压力较小,而弯腰直膝提起重物会导致椎间盘内压力突然增大,尤其是椎间盘的纤维环受力极大。如果椎间盘已有退化现象,则这种压力急剧增加最易引起突发性腰部剧痛。所以,在提起重物时必须掌握正确的方法。

因为弯腰改变了腰脊柱的自然曲线形态,不仅加大了椎间盘的负荷,而且改变了压力分布,使椎间盘受压不均,前缘压力大,向后缘方向压力逐渐减小,见图5-15(b),这就进一

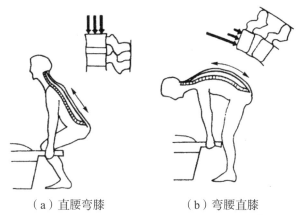

（a）直腰弯膝　　　（b）弯腰直膝

图5-15　弯腰与直腰提起重物示意图[①]

步恶化了纤维环的受力情况,成为损伤椎间盘的主要原因之一。另外,椎间盘内的黏液被挤压到压力小的一端,液体可能渗漏到脊神经束上去。总之,提起重物时必须保持直腰姿势。人们经过长期的劳动实践和科学研究总结了一套正确的提重方法,即直腰弯膝。

3. 设计合理的工作台

搬运放在地上或比较接近地面的大型货物的危害性最大,因为工人在搬运这些货物时,躯体必须向前弯曲,这样会明显增大腰部椎间盘的压力。所以,大型货物的高度不应低于工人大腿中部,图5-16举例说明了采用可升降的工作台帮助工人搬运大型货物。升降平台不仅可以减少工人举起货物过程中的竖直距离,而且还可以减少水平距离的影响。

设计者在设计时应尽量减少躯体扭转的角度。图5-17表明,一个非常简单但又是经过精心修改的工作台设计,可以消除工人在操作过程中不必要的躯体扭转,从而可以明显减少工人的不适和受伤的可能性。为减少躯体扭转角度,在设计举重物任务时应该使工人在可以正前方充分使用双手并且双手用力平衡。

（a）可升降并倾斜的工作台　　（b）可升降的托台

图5-16　采用可升降的工作台可避免抬起重物时的弯腰动作

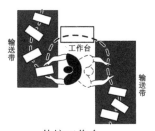

传统工作台　　　　　　　　新设计的工作台

图5-17　工作场所设计

① 丁玉兰 . 人机工程学 [M]. 北京:北京理工大学出版社,2005.

5.2 人的运动特征

人通过骨骼、肌肉和神经系统,能够进行各种各样的运动。人不仅能够进行简单的运动(比如抛球、穿针等),也可以进行一些复杂的运动,比如体操、跳水等。

5.2.1 人体运动的范围

人体运动的范围通常受两个因素的影响:人的尺寸和关节活动的范围。人的尺寸问题在前面章节中已经进行了说明,这里主要介绍关节活动的范围。关节活动的范围通常用关节运动的角度来表现 (图 5-18)。关节活动的范围受关节的结构、关节附近肌肉组织的情况、关节附近肌肉、韧带的弹性等因素的影响。比如,随着手臂上面两端肌肉变大,肘部弯曲的角度就受到限制。

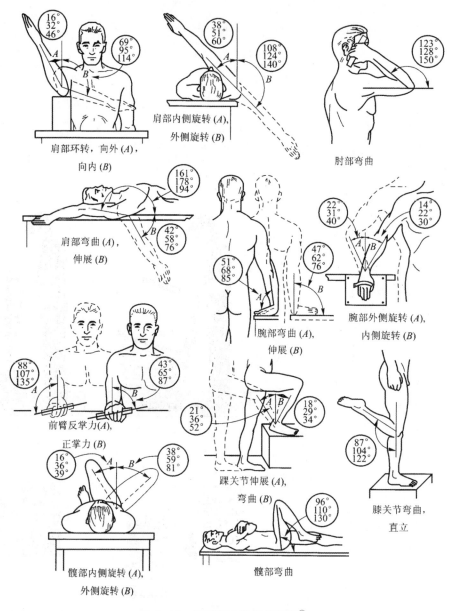

图 5-18 关节运动的角度范围[1]

---

[1] 赵江洪 . 人机工程学 [M]. 北京:高等教育出版社,2006.

通常，关节活动的范围可以通过拉伸肌肉和相连的组织得到提高。缺乏灵活性的肌肉和组织会给运动带来限制，造成疲劳，从而影响工作的持久性，甚至对人造成伤害。当然，过分增加关节的灵活性，会降低关节的稳定性，这也可能会给人体造成伤害，特别是在足球、棒球等体育运动中。

5.2.2 肢体的出力范围

肢体的力量来自肌肉收缩，肌肉收缩时所产生的力称为肌力。在操作活动中，肢体所能发挥的力量大小除了取决于人体肌肉的生理特征外，还与施力姿势、施力部位、施力方式和施力方向有密切关系。只有在这些综合条件下的肌肉出力的能力和限度才是操纵力设计的依据。

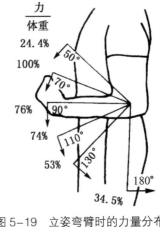

在直立姿势下弯臂时，不同角度时的力量分布如图 5-19 所示。可知大约在 70° 处可达最大值，即产生相当于体重的力量。这正是许多操纵机构（例如方形盘）置于人体正前上方的原因所在。

在直立姿势下臂伸直时，不同角度位置上拉力和推力的分布如图 5-20 所示。可见最大拉力产生在 180° 位置上，而最大推力产生在 0° 位置上。

图 5-19　立姿弯臂时的力量分布[①]

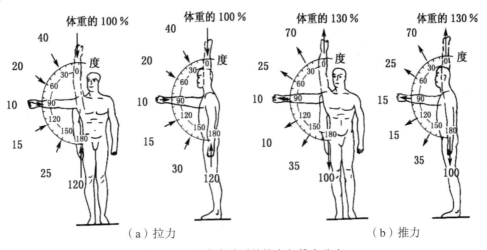

（a）拉力　　　　　　　　　（b）推力

图 5-20　立姿直臂时的拉力与推力分布

5.3　人的操作动作分析

5.3.1　手的操作分析

1. 手的生理特点

手是人类最重要的运动器官之一，它由骨、动脉、神经、韧带和肌腱等构成。手指由小臂的腕骨伸肌和屈肌控制，这些肌肉由跨过腕道的腱连到手指，而腕道由手背骨和相对的横向腕韧带形成，通过腕道的还有各种动脉和神经。腕骨与小臂上的桡骨及尺骨相连，桡骨连向拇指一侧，而尺骨连

---

① 图 5-19、图 5-20 均出自：丁玉兰.人机工程学 [M].北京：北京理工大学出版社，2005.

向小指一侧。腕关节的构造与定位使其只能在两个面动作,这两个面各成90°。一面产生掌屈与背屈,另一个面产生尺偏和桡偏(图5-21)。

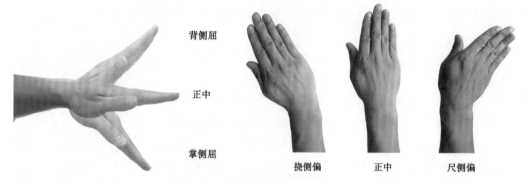

图 5-21 腕关节动作状态

人手具有极大的灵活性,能做复杂而灵巧的捏、握、抓、夹、提等动作,有极其精细的感觉。从抓握动作来看,可分为着力抓握和精确抓握(图5-22)。着力抓握时,抓握轴线和小臂几乎垂直,稍屈的手指和手掌形成夹握,拇指施力。根据力的作用线不同,可分为力与小臂平行(如锯),与小臂形成夹角(如锤击)及扭力(如使用螺丝起子)(图5-23)。精确抓握时,工具由手指和拇指的屈肌夹住。精确抓握一般用于控制作业(如铅笔、筷子),如图5-24所示。操作工具时,动作不应同时具有着力与控制两种性质,因为在着力状态让肌肉也起控制作用会加速疲劳,降低效率。

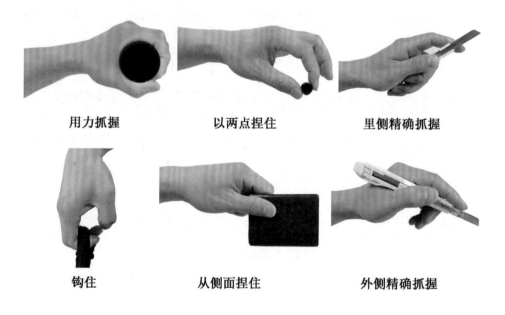

图 5-22 人手的不同抓握

图 5-23 人手着力抓握使用状态

图 5-24　人手精确抓握使用状态

使用设计不当的手握式产品会导致多种上肢职业病甚至全身性伤害，这些病症如腱鞘炎、腕道综合征、腱炎、滑囊炎、滑膜炎、痛性腱鞘炎、狭窄性腱鞘炎和网球肘等，一般统称为重复性积累损伤病症。

2. 手握式产品设计的一般原则

1）必须有效地实现预定的功能

实现预定功能，是手握式产品设计的重要原则。功能设计得合理，产品就能在相应条件下有效实现预定功能，从而优化操作者的手部操作，提高工作效率，提升劳动质量，同时也能保证操作者的身心健康，避免身体超负荷工作和职业疾病。图 5-25 所示的注射辅助器设计，不仅引导注射作业的正确姿势和正确位置，同时舒适的指捏设计使精细操作变得简单。它帮助操作者很好地实现了注射功能，避免了由于不准的拿捏方式而多次扎针给病患带来的生理痛苦和心理恐惧。

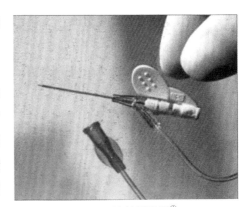

图 5-25　注射辅助器[①]

2）必须与操作者身体成适当比例，使操作者发挥最大功效

手握式产品或设备的形状与尺寸等应当与人体比例相匹配，不然，用户在使用时就很难有效并安全地操作。长久手握设计不良的产品或设备进行操作，将造成人们身体的不适、损伤与疾患。这不仅会降低作业效率，还会增加人们的生理和心理痛苦。因此，手握式产品的设计必须考虑与操作者成适当比例。图 5-26、图 5-27 所示的扫地机、扫把和簸箕，根据人们的身体比例来进行设计，主要是针对成年女性，应当避免在使用过程中由于扫把过长或过短而带来不便甚至伤害。

图 5-26　扫地机　　　　　　图 5-27　扫把和簸箕

① 刘峰，朱宁家 . 人体工程学 [M]. 沈阳：辽宁美术出版社，2005.

3）必须符合操作者的力度和作业能力

作业者的力度和作业能力也是手握产品设计需考虑的重要方面。因为人们持握操作器具的力度和作业能力是不一样的，所以要适当地考虑到训练程度和身体素质等方面的差异。比如，老年人和儿童的操作力度和能力都要比一般人弱，所以，针对他们的设计就应当考虑到这点，尽可能设计得简单、方便（图5-28~图5-31）。

图 5-28 放大镜老年人指甲钳

图 5-29 创意人机工程学拐杖

图 5-30 基于儿童尺寸的坐便器

图 5-31 符合人手尺寸的儿童餐具

4）设计要求的作业姿势不能引起过度疲劳

手持器具进行操作时，有时需要相当大的力。如果作业姿势不当，往往会给手部造成很大压力，降低血液流动效率，导致手部麻木及疲劳（图5-32）。有时，不良操作会使掌心受压受振，长期使用可能会引起难以治愈的痉挛，至少易引起疲劳和操作不准确。因此，对手握器具所要求的作业姿势应该满足舒适方便且不应当引起过度疲劳（图5-33）。

图 5-32 剁排骨的刀

图 5-33 自行车打气筒

3. 手握式产品设计的解剖学相关原则

手握式产品要考虑的因素很多，从手的生物力学角度来进行分析，主要包括以下几点。

1）保持手腕处于顺直状态

手腕顺直操作时，腕关节处于正中的放松状态，但当手腕处于掌屈、尺偏等别扭的状态时，就会产生酸痛、握力减小，如长时间这样操作，会引起腕道综合征、腱鞘炎等症状。图 5-34 是钢丝钳传统设计与改良设计的比较，传统设计的钢丝钳造成掌侧偏，改良设计使握把弯曲，操作时可以维持手腕的顺直状态，而不必采用尺偏的姿势。图 5-35 为使用这两种钳操作后，患腱鞘炎人数的比较。可见，在传统钳用后第 10 到 12 周内，患者显著增加，而改进钳使用者中没有此现象。

图 5-34　使用传统和改良的钢丝钳操作时的比较

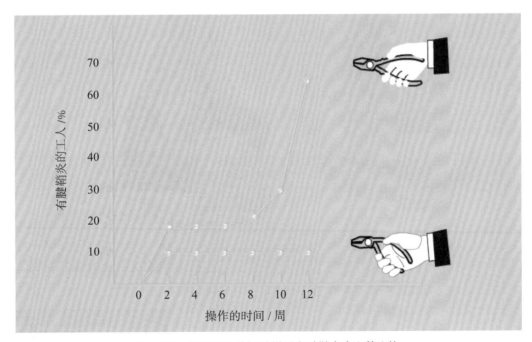

图 5-35　使用不同的钢丝钳后患腱鞘炎病人数比较

一般认为，将产品的把手与工作部分弯曲 10° 左右，效果最好。弯曲式把手可以降低疲劳，较易操作，对于腕部有损伤者特别有利。图 5-36 也是弯把式设计的例子。

图 5-37 为 WOW Technology 公司开发的 WOW-PEN Joy 鼠标。它使用垂直轨道和水平结构来实现工具与操作者之间

图 5-36　园林多用剪刀

的合理比例，使用户通过自然舒适的姿势进行握持，让设计师、游戏玩家和办公室职员等在长时间使用鼠标时手腕能够有很好的舒适性，并有效防止腕管综合征。WOW-PEN Joy 鼠标在 2008 年红点设计奖中脱颖而出，获得极大的成功。

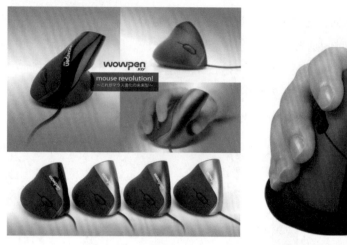

图 5-37　WOW-PEN 人机工程学手握直立式鼠标

图 5-38 为 ART Zero 鼠标，也是根据人机工程学设计的使手腕保持自然顺直姿态的竖直型鼠标。当人的手腕呈 0°~ 5° 背屈状态时，最为舒适。对于手掌而言，最自然的状态就是半握拳状态。该鼠标外壳与拇指肌群、小指肌群及掌弓贴紧而又不互相压迫，5 个手指都不悬空，且处于 150° 左右的自然伸展状态。这是使用鼠标时，人手最适宜的姿势。

图 5-38　ART Zero 人机工程学鼠标设计

类似操作时令手腕保持顺直的鼠标产品设计还有不少，包括 E-Quill-AirO2bic 人机鼠标（图 5-39），Smatfish 公司的运动无线鼠标（图 5-40）、EVmouse（图 5-41）等。

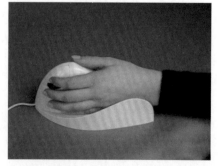

图 5-39　E-Quill-AirO2bic 人机鼠标

图 5-40 运动无线鼠标（Motion Wireless Mouse）

图 5-41 人体工程学垂直防滑鼠标——EVmouse

除了鼠标之外，键盘也是比较容易造成用户手腕出问题的设计。所以有不少公司在努力改变其键盘设计，以便用户操作时手臂尽可能保持顺直。比如微软人体工学键盘 4000。它有两个主键区键盘，从侧面看，其按键的高度是不一样的，中间略高而两侧略低，人手处于一个曲率半径较大的弧线上进行操作，非常接近自然状态。人们在使用键盘时，手腕自然地放置在桌面或是腕托上，长时间使用也不会有疲劳感（图 5-42）。

图 5-42 微软人体工学键盘 4000

2）避免掌部组织受压力

操作手握式产品时，有时常要用手施相当的力。如果设计不当，会在掌部和手指处造成很大的压力，妨碍血液在尺动脉的循环，引起局部缺血，导致麻木、刺痛感等。好的把手设计应该具有较大的接触面，使压力能分布于较大的手掌面积上，减少应力；或者使压力作用于不太敏感的区域，如拇指和食指之间的虎口位。有时，把手上设有指槽，但如没有特殊的作用，最好不留指槽，因为人体尺寸不同，对一些使用者适配的指槽，对另一些使用者却是难以使用的，它会造成某些操作者手指局部的应力集中。另外，针对把手的适配性，可考虑将把手表面作出凸起的形体处理，在把手末端作限位形体处理，这样改进适配性，增大摩擦力，并防止手从把手上滑脱（图5-43）。图5-44也是减少压力适合手握操作的例子。

图5-43 E系列刀 　　　　　　　　　　　图5-44 开瓶器设计

3）避免手指重复动作

如果反复用食指操作类似扳机的控制器，就会导致扳机指（狭窄性腱鞘炎），扳机指症状一般在使用电气工具后经常出现。作为一条基本的定理，应该避免食指的重复运动。而拇指是手指中唯一可以向各个方向弯曲的手指，因为有力且较短的肌肉分布在拇指周围。通常人们习惯用拇指来代替食指进行操作，但设计这样的操作要十分小心，不能让拇指的操作过于频繁，如图5-45（a）所示，这样的操作可能给拇指带来疼痛。更为有效地避免手指重复动作的方法是采用指压板，图5-45（b）所示。这样的设计可以让各个手指分担负担并解放了拇指。图5-46也是相关设计的例子。

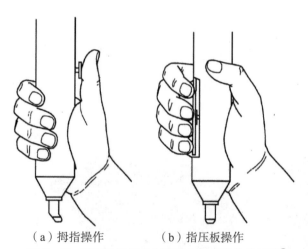

（a）拇指操作　　　（b）指压板操作
图5-45 避免单手指（如食指）反复操作的设计[①]

图5-46 拇指或多个手指控制的手握产品

此外，对于手握式设计，除了以上几个相关方面，性别因素和用手习惯也是要考虑的。因为，在所有手工具使用的人群中，女性大约占50%，而其中左手使用者占8%~10%。但是，很多手工具在设计时并没有考虑这超过总人数一半的人群。研究表明，女性手指的平均长度比男性大约短2cm。另外，女性的抓握力大约是男性的2/3。这些差异显然是设计中需要考虑的。现在，不少手工具的设计只考虑了右手操作，这样对全球几亿的左手操作者十分不利。许多鼠标的设计也没有考虑左手使用者的问题，给他们带来很多不便（图5-47）。

---

① 丁玉兰. 人机工程学 [M]. 北京：北京理工大学出版社，2005.

图5-47　针对右手设计的鼠标

5.3.2　脚的操作分析

脚动操纵控制器常用于以下情况：需要连续进行操作，而用手又不方便的场合；无论是连续性控制还是间歇式控制，其操纵力超过50~150N的情况；手的控制工作量太大，不足以完成控制任务的场合。

脚动操纵控制器主要有脚踏板和脚踏钮两种形式。当操纵力超过49~147N，或操纵力小于49N但需连续操纵时，宜选用脚踏板。对于操纵力较小，且不需要连续控制时，宜选用脚踏钮或脚踏开关。一般情况下，脚踏板只能由一个方向控制，而脚踏钮可由多个方向控制（图5-48）。

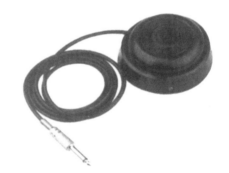

（a）脚踏板　　　　　　　　　　（b）脚踏钮

图5-48　脚动操纵控制器

1. 脚踏板

脚踏板一般设计成矩形，其宽度与脚掌等宽为佳，一般大于2.5cm；脚踏时间较短时最小长度为6~7.5cm，脚踏时间较长时为28~30cm；踏下行程应为6~17.5cm；踏板表面宜有防滑齿纹（图5-49、图5-50）。

图5-49所示的脚踏式垃圾桶，由外筒、内筒、筒盖、支架、连杆、踏杆等部分组成。人们通过踩踏方式将垃圾桶盖打开，方便快捷。脚踏控制设于桶体底部并位于桶体外，采用杠杆原理结构将筒盖掀开。对于脚踏式垃圾桶，操作时小腿应与地面成接近90°的较大角度，且应注意悬空踩踏控制的高度与操纵力。

图5-49　脚踏式垃圾桶

图 5-50 所示为踩踏式冲厕器，使用时，人们运用脚部的踩踏而非手部的操作来完成冲厕过程。脚踏部件设于产品的外部，引导人们通过脚部来完成操作，同时踏板表面设置了凹凸的防滑处理，方便人们进行操作，尤其在寒冷的冬天和卫生条件差的公共厕所，特别适用。

在相同条件下，不同结构形式的脚踏板，其操纵效率是不同的。研究表明表 5-3 中 1 号踏板所需时间最少。

图 5-50　踩踏式冲厕器

表 5-3　不同结构形式脚踏板操纵效率的比较[1]

编号	1	2	3	4	5
脚踏板类型					
每分钟脚踏次数	187	178	176	140	171
效率比较	每踏一次用时最短	每次比 1 号多用 5% 的时间	每次比 1 号多用 6% 的时间	每次比 1 号多用 34% 的时间	每次比 1 号多用 9% 的时间

脚踏板的布置形式也与操纵效率相关。根据研究，踏板布置在座椅前 7.62~8.89cm、离椅面 5~17.8cm、偏离人体正中面 7.5~12.5cm，操作方便，出力最大，有利于提高工作效率。

踏板角度的大小也是影响脚施力的重要因素。研究表明，当踏板与垂直面成 15°~35° 时，不论腿处于自然位置还是伸直位置，脚均可使出最大的动力。

2. 脚踏钮

脚踏钮与手控钮的功能基本相同，在特定情况下可取代手控钮。脚踏钮用脚尖或脚掌操纵，可以快速操作。其直径为 5~8cm，踏下行程为 1.2~6cm。踏压表面应有纹理，应能提供操作反馈信息，脚不需停在踏钮上时，阻力应大于 9.8N；脚需要停在踏钮上时，阻力应大于 44N。正常操作时，脚踏钮的阻力不应大于 88N。

图 5-51 所示为我国大学生设计的用脚掌踩踏控制的"脚底板"鼠标。它包含左键和右键，前脚掌踩踏相当于左键单击，后脚跟踩踏相当于右键单击，通过脚底的摩擦滑动，可以滚动进行控制。它适用于双手有残疾的人群，正常人使用它则可以腾出双手做其他工作。

图 5-51　脚掌踩踏控制的"脚底板"鼠标

① 刘春荣. 人机工程学应用 [M]. 上海：上海人民出版社，2009.

第 **6** 章 人的行为(因素)与设计

人们习惯于对事物加以解释,于是形成了针对事物作用方式、事件发生过程和人类行为方式的概念模型,即心理模式。这类心理模式有助于人理解个人经历、预测行为结果和应对意外的情况。设计是一种人为的、为人的行为。因此,针对设计人员而言,分析与理解人的行为,是设计工作中的重要组成部分。不仅包括对设计人员自身行为的把握,也包括对消费者和使用者的行为的掌控。通过了解多方面行为因素,设计人员能够更好地解读和预测消费者和使用者的行为,有针对性地设计出功能、结构等都与人的行为非常贴切的产品,由此构建一个和谐、高效的人机系统。

6.1 人的行为特征

日常生活中,人处理事件通常会采取一定的策略或方法,这就形成了人的行为特征。美国著名心理学家诺曼(Norman)把这称为"日常行为心理学"。人的行为特征主要涉及四个方面:人的心理模型、人的行为构成、人的行为反应和人的行为过程。

6.1.1 人的心理模型

1. 心理模型概述

人们对事物的认识充满各种各样错误的观念。古希腊哲学家亚里士多德认为,重的物体比轻的物体下落得要快。现代物理学证明这样的说法是错误的:下落速度与质量无关,所有物体下落速度都相同。这是伽利略著名的"两个铁球同时落地"试验。但是,很多情况下,人们看到的情景却更倾向于亚里士多德描述的,如树叶的下落速度就明显比石头慢,而树叶比石头要轻很多(图6-1)。亚里士多德错误的观点,却"合理"地描述了人们在真实世界中的情形。

人的心理模型是外部世界的某些因素在人脑中的反映,是一组集成的构思和概念。人的心理模型可以解释和描述事物的作用方式、事件发生的过程和人类的行为方式。人的心理模型有助于人理解周围事物,预测行为的结果并应对突发事件。

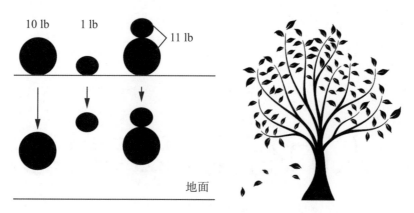

图 6-1　伽利略铁球、树叶飘落

2. 人的心理模型与意识

研究表明，人的行为既可能是有意识的行为，也可能是无意识的行为。

有意识的行为需要人思维、决策等最高层面的认知活动作为支撑，这与人的信息加工中人的思维、决策和输出选择等相关内容相似。有意识的行为进展缓慢，必须按照一定的步骤有次序地展开。在有意识的思维过程中人的短时记忆十分重要，对有意识的思维活动能力有重要的影响。但由于人的短时记忆容量的限制，人的有意识的思维活动也会受到局限。

无意识的行为可以看作一种模式匹配的过程，是在过去经验的基础上寻找与目前情形最接近的模式（图 6-2）。无意识的行为是人的一大优点，因为可以利用无意识的行为发现事物发展的趋势，辨认新旧经验之间的关系，并能通过少数事例推断出一般规律。

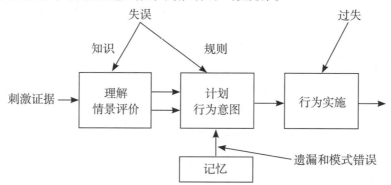

图 6-2　无意识行为的模式匹配过程[①]

事实上，很多情况下，人的心理行为主要为人的无意识行为。比如，人们看见乌云就感到要下雨了，就会表现出带伞、收回晾在外面的衣物等行为（图 6-3）。不仅如此，人的有意识行为也会夹杂着无意识的行为。当人们思考某个问题时，可能会参考过去的经验，过去的经验就是无意识行为的内容。如果没有过去的经验作为参考，人所有的心理行为都要从零开始，那么负担将十分巨大。

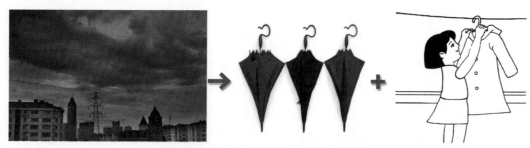

图 6-3　满天乌云引发的一系列无意识行为

① 赵江洪. 人机工程学 [M]. 北京：高等教育出版社，2006.

3. 人的心理模型的运行和构建

人的心理模型涉及两个基本的过程：运行和构建。心理模型的运行表现为人的行为。心理模型的构建则与事物对人的反馈以及人本身的因素有关。

人的行为经常违背理性原则，但人们却固执地认为人的思维是理性的、合乎逻辑的、有条理的。人的知识中有一个重要方面，就是建立关于周围世界的模型、预测事件的出现和确立基于经验的期望。在人的心理过程中，这样的期望和原型十分重要。当人们经历两件相似的事情时，两件事情相似的内容就会联结在一起，当相似的内容下一次再被激活的时候，这两件事情的记忆和知识也随之被激活。于是，这两件事情融合到一起，形成了一般化的"原型"事件，这一原型会控制人们对其他相似事件的解释和反应动作。

认知心理学家诺曼等人通过研究发现，除了一般化的"原型"事件，如果只有一件事与众不同，人也会存储在记忆中，即特殊事件。于是，人的记忆似乎只有两类事件：一般事件和特殊事件。在人的记忆中，特殊事件发生的频率并不低于一般事件。例如，使用者在使用一个电器时，即使有100次成功的经历，但只要有一次失败，当再次使用时，首先想到的就是这次失败。因此，人的很多心理行为（主要是无意识的行为）在与过去的经验进行类比时，并不是按照"经常发生"的原型来进行的。

以上是从人的心理模型的运行角度进行讨论的。

从人的心理模型的建立来说，人的心理模型通常是根据零碎的事实构建而成，对事实的来龙去脉只有一个肤浅的认识，对事物的起因、机制和相互关系等方面的因素并不清楚。假如使用者购买了一款电器，第一次使用的过程中机器就损坏，通常他得出的结论是该机器的质量有问题，而事实可能是他的操作不当导致机器损坏。

即使构建的事实是通过证明的真实事实，而且原型也是经常发生的原型，但是，这些过去的经验并不是总能运用到目前的情况中，或者说，并不能很好地匹配现在的情形。Kempton的研究发现，人最常见的心理模型就是所谓的"阈值理论"，即"多即是好"。音量开关旋得越多，声音就越大；水龙头开得越大，水流就越大。显然，这样的心理模型并不适用于所有的环境。诺曼等人的研究表明，人的心理模型基于不恰当的类比或者不正确的直觉，通常是不完整的、混乱的。

与人的心理模型相反，人的行为却是精确的，这和人的心理模型的不精确性产生矛盾。人的日常行为，一般是按照不精确的心理模型进行的精确行为。比如，日常货币的使用中就存在这样的矛盾：使用货币的行为要求每次货币的金额是精确的，但人们使用货币时所运用的知识是不精确的。试想，谁在使用纸币的时候还仔细核对纸币上的数字呢？人们通常会根据纸币的颜色、图形符号和大小等进行区分。如果设计中不考虑人的心理模型和行为的特点，就会给使用者带来不方便。1999年发行的第5套人民币就存在一些容易混淆的因素。其中50元纸币票幅长15cm，10元纸币票幅长14cm，宽度都为7cm；正面都是毛泽东头像，左侧均为国徽和"中国人民银行"名称；在相同的位置，用相同的字体标出面额；最重要的是50元纸币的主色调为绿色，10元纸币的主色调为蓝黑色，在光线不明的环境中，颜色区分不明显，人们在使用中容易造成混淆（图6-4）。

图6-4 1999年发行的50元纸币和10元纸币

6.1.2　人的行为构成

著名的社会心理学家列文（K. Lewin）将密不可分的人与环境的相互关系用函数关系来表示，认为行为决定于个体本身与其所处的环境，即

$$B=f(P \cdot E) \qquad (6\text{-}1)$$

式中，B 为行为；P 为人；E 为环境。

也就是行为（B）是人（P）及环境（E）的函数（f）。表现出人与其所处的环境在相互依存中影响行为的产生与变化。

就个体人而言，"遗传""成熟""学习"是构成行为的基础因素。遗传因素在受精卵形成时即已被决定，其后的发展都受所处的环境因素影响，故前述公式可简化为

$$B=f(H \cdot E) \qquad (6\text{-}2)$$

式中，H 为遗传。

展开来分析行为的发展，其基本模式可概括为

$$B=H \times M \times E \times L \qquad (6\text{-}3)$$

式中，B 为行为；H 为遗传；M 为成熟；E 为环境；L 为学习。

式（6-3）说明行为受遗传、成熟、环境、学习四个因素的相互作用、相互影响。遗传因素（H）一经形成，即已被决定，后天无法对其发生影响。

成熟因素（M）受到遗传因素和成熟环境两种因素的共同作用、共同影响。一般来说，个体成熟遵循一定的自然规律，先后顺序是固定的，如婴儿先会爬后会站立，先会走后会跑。但是在自然成熟过程中，其所处环境的诱导刺激因素的作用是不能低估的。

学习因素（L）是个体发展中必经的不可缺少历程。个体经过尝试与练习，或接受专门的训练培养或个体自身主动地探求追索，使行为有所改变，逐渐丰富了知识和经验。学习与成熟是个体发展过程中两个互相关联的因素，两者相辅相成。成熟提供学习的基本条件和行为发展的先后顺序，学习的效果往往受成熟的限制。有些儿童到了某一年龄段，智慧"开窍"了，功课突飞猛进，表现十分突出，这就是因为成熟而将潜在学习能力发挥出来的结果。

环境因素（E）是人与环境系统中的客观侧面。在上面讨论的构成人的主观侧面的遗传、成熟、学习各因素中，成熟与学习因素中已经含有环境用素，只是涉及环境是近距离的、近身的，而行为模式中单独提出的环境因素则是广义的。既可以是微观的、近距离的，又可以是宏观的、远距离的；既有自然环境，又有社会环境；既可以是自然的环境，又可以是加工改造或人们创造的人工环境。

6.1.3　人的行为反应

行为是有机体对于所处情境的反应形式。心理学家将行为的产生分解为刺激、生物体、反应三项因素研究，即

$$S \rightarrow O \rightarrow R \qquad (6\text{-}4)$$

式中，S 为外在、内在刺激（stimulator）；O 为有机体·人（organism）；R 为行为反应（reaction）。

1. 刺激

刺激一词在心理学上是使用频率很高的词汇，含意十分广泛。围绕机体的一切外界因素，都可以看成是环境刺激因素，同时也可以把刺激理解为信息，人们对接收的外界信息会自动处理，作出

各种反应。构成刺激的源泉十分复杂，图6-5将刺激源作了归纳分类。

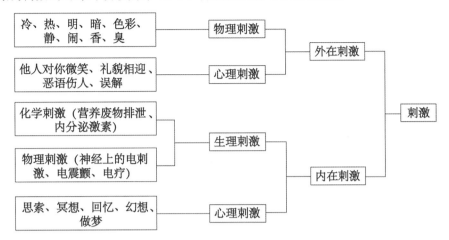

图6-5　刺激源分类[①]

刺激来源可分成体外和体内两类，前者称为外在刺激，后者称为内在刺激。外在刺激又可分为物理性刺激和心理性刺激；内在刺激可分为生理性刺激与心理性刺激。

（1）外在物理性刺激在生活中随处存在，可以通过人的感觉器官而感受到。如皮肤可以感受到环境温度的冷热；眼睛可以看到色彩和光的明暗；耳朵可以听到悦耳的美声也可以听到喧闹的噪声；鼻子则可以区分空气中的气味或香或臭；舌头则可以品尝食物饮料的苦辣酸甜（图6-6）。这些外在环境物理刺激通过人们的感觉器官，经过传入神经纤维，到达中枢神经系统，产生各种感觉。

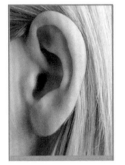

图6-6　感觉器官感知外在刺激

（2）内在刺激是不依赖于身体外表感觉器官而产生的刺激。其中生理性刺激虽不直接借助于身体外表感觉器官，但需借助于体外刺激因素。如化学刺激，人们日常饮食消化过程中营养物被身体吸收、废物被排出体外、内分泌激素的变化等，既属于生物化学过程，也属于生理化学刺激。这种刺激表现为自律性，是人的主观意识不能控制的自动过程。

内在生理刺激有时也会借助于外在物理刺激，但其途径并不通过身体外表感觉器官，而是借助于物理手段，如在医疗过程中对神经系统的电刺激、电震颤、电疗等，均属于生理物理刺激。

上述一切刺激现象都可以理解为环境对人体的直接或间接影响，处于核心地位的人体，在受到刺激后都会作出相应的行为反应。

2. 人体

人的中枢神经系统，脑和脊髓，是接收外界刺激及作出相应反应的指挥中心，既负责接收刺激，又负责对刺激进行判断后作出必要的反应，所以称为中枢神经系统。在此系统中，脑处于中心地位，

[①] 丁玉兰. 人机工程学 [M]. 北京：北京理工大学出版社，2005.

处于协调指挥地位。这些行为都是自动进行的，属于自律行为。

就机体来看，围绕中枢神经系统，还存在负责接收刺激的传入神经系统，以及指挥反应的传出神经系统。反应并不都需要经过中枢神经系统，在机体外围还存在周围神经系统，可将环境刺激经传入神经系统直接传递给传出神经系统（图6-7）。

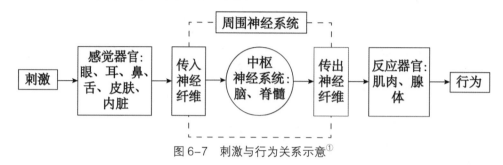

图6-7 刺激与行为关系示意①

3. 反应

行为既包括内在蕴含的动机情绪，也包括外在显现的动作表现。机体接收刺激必然要作出反应，这种反应不论属于内在的或者是外在的，都是行为的表现形式。

人们由于外界的刺激而产生需要和欲望，驱使人们作出行为去达到一定的目标。这一过程可用图6-8描述。当外界的刺激产生需要，需要未得到满足时，会出现心理紧张，产生某种动机，在动机的支配下，采取目标导向行动和目标行动；倘若目标达到了，当前的需要满足了，就会有新的需要产生，进入新的循环；倘若目标没有达到，则会出现积极行动或对抗行动，并反馈回来，开始新的循环。所以人的需要的满足是相对的、暂时的。行为和需要共同作用推动人类社会的发展。

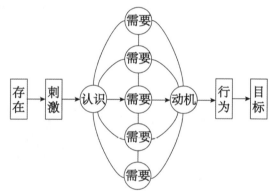

图6-8 行为的基本模式

上述模式说明，人的行为是受动机支配的，动机产生于需要。然而支配人的动机的心理因素是比较复杂的，动机除了受到需要的支配之外，还受到人的意识、意志、情感、兴趣等心理因素的影响。

6.1.4 人的行为过程

人的行为过程是人在做每一件事情时需要经历的步骤。基本概念很简单，要做一件事时，人首先需要明白做这件事的目的，即行为目标；然后，必须采取行动，自己动手或是利用其他的人和物，即行为和行为对象；最后，看自己的目标是否已经达到，即评估结果。所以，在整个过程中，要考虑四件事：行为目标、行为、行为对象、评估结果。行为本身包括两个方面：做某事和检查做某事的结果。这两个阶段分别称之为"执行"和"评估"（图6-9）。

现实生活中大多时候最初的目标并不十分明确，例如"找点东西吃""去上班""穿好衣服""看电视"等。目标并不会准确表明行动的具体内容，在哪儿做，如何做，需要什么样的工具，要想采取行动，还需将目标转化为明

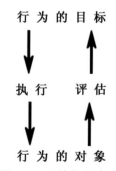

图6-9 人的行为过程②

---

① 图6-7、图6-8均出自：丁玉兰. 人机工程学 [M]. 北京：北京理工大学出版社，2005.
② 图6-9~图6-12均出自：赵江洪. 人机工程学 [M]. 北京：高等教育出版社，2006.

确的行动步骤，即"意图"。假设你坐在沙发上看书，天色已晚，光线越来越暗，想让光线变得亮一些(目标：得到更多的光源)，则目标转化成意图便为：开台灯。但你还需要明确如何移动自己的身体、如何伸手去接触开关、如何用手指去按开关而不会打翻台灯。把目标转化为意图，再把意图转化为一系列的具体动作，从而控制你的身体。同时，你还可以有其他的意图，用其他的动作来实现同样的目标。比如，有人正好从台灯旁边路过，你可以改变自己开灯的意图，请这个人帮忙开灯。目标虽没有改变，但意图和具体动作却发生了变化。

具体的动作是连接人们的目标及意图和所有可能的实施方法之间的桥梁。人们在明确行动步骤后，必须付诸实施。总而言之，目标之后还有三个阶段：意图、动作顺序和执行（图6-10）。

评估也分为三个阶段：第一，感知外部世界的变化；第二，解释这一变化；第三，比较外部世界的变化和所需达到的目标（图6-11）。

这样一来，行为共包括七个阶段：目标是一个阶段，执行分为三个阶段，评估分为三个阶段（图6-12）。

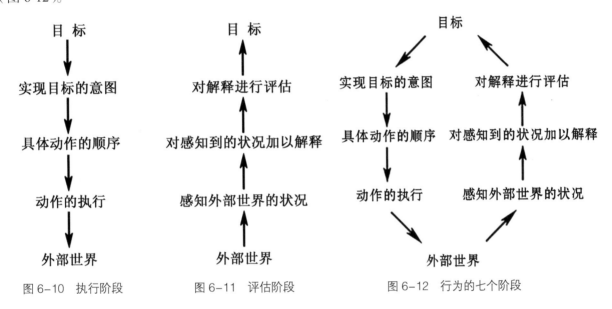

图6-10 执行阶段　　　图6-11 评估阶段　　　图6-12 行为的七个阶段

对七个阶段的描述并没有形成一套完整的心理学理论。人大多数的行为无须经历这些所有的阶段，还有很多活动不是靠单一行动来完成的，而是要经历多次这样的过程，整个活动或许要持续几个小时，甚至是几天。其中有一连串的信息反馈，一次活动的结果被用来指导下一步的活动，大目标被细分为若干小目标，主意图下面还有次意图。在某些活动中，原有的目标会被忽视、放弃或进行修改。

行为可以从七个阶段中的任何一点开始，因为人并不总是思维缜密、讲究逻辑和道理的。人们的目标通常不完善，或者模糊，所采取的行动有时只是对外界事件作出的反应，没有周密的计划和分析，不是精心规划的结果。遇到合适机会时，会为某种目标而行动。人们不会特意安排一个时间去商店购物、去图书馆借阅图书或是向朋友询问某件事，如果碰巧在商店、图书馆附近，或是偶然遇到朋友，就会顺便做一些相关的事。如果没有这样的机会，也就作罢。这种没有明确的目标和意图视情况而采取的行动，做起来比较轻松、方便，可能更有趣。实际上，也会有人通过努力调整自己，控制自己的行为。例如，当必须做一项重要的工作时，他会正式承诺要在何时完成，而且提醒自己履行诺言。

6.2 人的行为习惯

红灯等待、吃饭用碗等都已成为了人们的习惯性行为，视其为理所当然，但这样的行为习惯正是社会构建的基础。

行为方式是由人的年龄、性别、所在地区、种族、职业、生活习惯等原因形成的动作习惯、办事方法。犹太民族或阿拉伯民族惯于从右向左的读写方式（图 6-13（a）），老一辈的中国文化人习惯自上而下的读写方式（图 6-13（b））。这些特定的行为方式往往会直接影响到人们的操作习惯，设计人员应在设计中尽可能地把握这些因素。例如按照不同顺序排列的 ATM 机数字键盘，频繁改变人们操作习惯，容易使人产生差错（图 6-14）。

（a）　　　　　　　　　　　　　　（b）

图 6-13　不同地区的人的读写方式

图 6-14　ATM 机数字键盘

6.2.1　人的行为习惯分析

日常生活中，人们很多的产品使用行为已成为了习惯，几乎是在无意识和自然状态下进行的。许多设计人员在从事设计工作时都存在一个相同的问题，那就是往往重视外在形式的改良这一环节，而忽略了设计工作更重要的目的是让产品变得更好用，在功能改良基础上不断修正形式才能使得产品存在的理由更加充分。

对物的设计可以先从对人的行为习惯的观察开始。虽然不同年龄、性别、种族、文化背景的人有着不完全一样的生活习惯与行为方式，但大体上讲，人与人的本能是基本相同的。这一点由人的基本生理特点决定。所以设计人员可以通过观察人的行为过程，了解人使用器物的方便程度，或者为人的行为匹配一些与之对应的器物。许多设计从前是没有的，而是根据人在实际生活当中的需要而产生的。为了将物的功能不断地改进以使物变得越来越好用，就需要将人操作器物的步骤进行细致的分解，找出其中不符合使用性的原因，并提出更好的解决办法。采用折叠式开盖形式的洗衣机设计，是对人的操作步骤进行分解、研究后得出的改良设计，与改良之前的设计相比，它不仅节省开启空间，也较为省力（图 6-15 ）。

图 6-15　洗衣机折叠式开盖使用步骤

　　从心理上来说，人的行为一旦变成了习惯，就会成为人的一种需要。当再遇到类似情景的时候，不用经过大脑就会这样做。如果不这样做，就会觉得很别扭。这说明行为已经具有了相对的稳定性，具有了自动化的性质。它不需要人们去监督、提醒，也不需要自己的意志去努力，是一种自然的动作，也就是平常说的"习惯成自然"。每个人都会有一些习惯性动作，人的固定习惯性姿势不受基本运动区指挥，受本能和习惯指示，重复动作不需要过多意识控制，把身体移动到特定的位置，仅神经和肌肉的记忆能力就能做出来。有些时候，需要设计人员能观察到人的习惯性本能动作，并利用物的设计很好地满足人的这种习惯。有些时候，设计人员应考虑到人长时间保持一种姿势或一种劳动状态会感到疲劳，从而为使用者提供多种操作模式或不同尺度的器物以供选择。图 6-16 的凳子设计，就是考虑到人在坐着的时候，有时会习惯性向前倾，因此底座的一部分设计成向上翘起，除了满足人的普通坐姿外，还可使人在身体前倾时利用腿部的支撑帮助减少臀部受力。类似的平衡椅设计还有很多（图 6-17 ）。

图 6-16　底座部分上翘的凳子

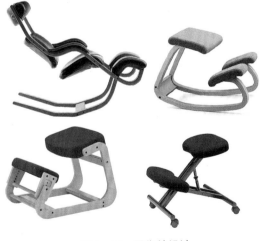

图 6-17　平衡椅设计

　　人的行为习惯是人在一定情境下自动化地去进行某种动作的需要或倾向。或者说，是人在一定情境中所形成的相对稳定的、自动化的一种行为方式。人的行为习惯长期养成、不易改变，习惯形成是学习的结果，是条件反射的建立、巩固并臻至自动化的结果。有些时候设计人员还可从人的行为习惯出发进行物的设计，诱导人以特定的条件使用物，以此减少对自然环境的污染或他人的劳动量等。图6-18的手提快餐盒设计很好地体现了这一点，它针对快餐盒难于固定和携带运送的问题，在快餐盒边缘加上一圈可折叠的把手，方便携带，同时保证多个快餐盒叠加时的稳定性，不需要使用塑料袋来装提，从根本上引导使用者的行为，节约资源，减少塑料污染。

习惯有着很大的个体差异，一件产品一个人用得得心应手，对另一个人来说却未必用得习惯，设计人员无法满足所有用户的习惯，但可以在使用群体的行为特质间找到尽可能多的共性。如果把产品设计作为一个信息传达的系统来看，设计结果这一"信息"首先要为用户正确认识，进而实现用户与设计人员的交流。在这一过程中，与

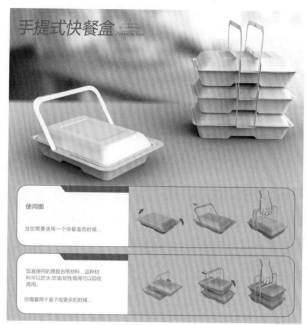

图6-18　手提快餐盒设计

产品的基本功能相对应的典型的形态特征，在把握设计对象的基本属性以及提高思考的效率方面发挥着重要作用。它起到一种抽象符号的作用，常常与习惯的形成相关。当设计人员设计某一产品的时候，为了新产品能够为用户所认识和接受，很多情况下要考虑用户的使用习惯。设计物沿用人们长久以来约定俗成的界面，为的是不频繁改变人们的使用习惯，如键盘的设计（图6-19）。

图6-19　键盘的设计

以上这些都需要设计人员对日常生活有细致入微的观察，了解人的基本生活习惯，并能从普通使用者的立场出发，切身体会作为一个自然人的需求究竟有哪些。作为设计人员，感觉应比普通人更加敏锐，更加善于辨别健康与非健康的生活方式，并能判断出造成这种差别的症结在哪里。

习惯分析的作用在于针对人们的生活方式，为人们设计真正好用的产品，也真正将设计往更合理的方向推进，避免以取悦消费者为目的的重复生产。

6.2.2　下意识行为

生活中的你会不会经常下意识地做一些小动作？会不会因为习惯使用某产品而对其他相似的产品直觉地进行操作？相信很多人都会感到迷糊，觉得作出这些动作时什么都没想，它就是自然发生的。这就是人的下意识行为。在一定的环境下，下意识行为发生的时候，人是不会意识到的，人自身会直觉作出相应的反应。这样的下意识行为经常发生在使用某些产品的时候。这种神秘而琢磨不定的行为发生和外界产品有着什么样的联系呢？下面就对这个问题进行探讨。

1. 下意识行为的概念

关于下意识行为的概念，不同行业领域对其定义也不相同。诺曼认为人的很多行为都是在下意识状态中进行的，人自身意识不到，也觉察不出这种行为。下意识活动的速度很快，而且是自动进行的，无须做任何的努力。费钎认为下意识行为是人不自觉的行为趋向，是人在长期生活中的经验、心理作用、本能反应以及心理和情感暗示等不同的精神状态下自然流露的客观行为。从认知科学的角度来看，下意识行为是认识主体客观存在的一种精神活动、一种潜在的认识过程，是未被主体自觉意识到的意识行为。人们通常会直觉地发现环境中的问题以及不平衡性，并且试图使之和谐。而这个过程中人们用来平衡自身与环境之间需求的直觉行为，叫做下意识行为，它并不是经过真正意义上的思考之后产生的理性行为。

综合来看，下意识行为是指当前不受主观意识控制的、自动化的行为，是人在长期生活中的经验、心理作用、本能反应以及心理和情感暗示等不同的精神状态在客观行为上的反映，是人不自觉的行为趋向。

下意识行为发生时间点很重要，在这里特别强调并提出"当前"情况下发生的下意识行为，也就是说下意识行为发生在当下是无意识的，没有主观意愿掺杂其中，但并不表示它发生在过去或者在某个时间点也是无意识的。同一行为发生在过去某时间也许是有意识的，也许是下意识的，辨别什么时候是下意识行为就要看发生行为的当时是否存在主观意愿，是否自动发生。

2. 下意识行为的内涵

1）从生理学的角度分析

人的大脑半球、大脑皮层有许多区域，在每一瞬间只能有一个相应区域作为兴奋点在运动，而其他区域的活动表现为人们产生下意识的自动反应。另一方面，人的整个机体的机能是协调的、统一的。如手被烫了，会自动地抽开；心里痛苦，额头会皱起来（图6-20）；跌倒了会自动用手撑地（图6-21）；累了会不由自主地打哈欠、伸懒腰等（图6-22）。

图6-20　皱眉　　　　图6-21　跌倒　　　　图6-22　打哈欠

2）从熟练和习惯的角度分析

下意识行为是人们直接接收客观刺激，产生条件反射的适应能力。意识与下意识的出现主要是由注意的心理功能所形成的，注意到的地方即是意识到的地方。人在任何一个瞬间只能有一个注意点，其他则视为注意的边缘。当对一件事情还不熟练的时候，注意力会分散在不熟悉的细节，当基本技能熟练后，注意力就着重在如何把事情做到更好，在熟练的工作环节上就会产生较多的下意识行为。

习惯则是在长期的生活环境和生活模式下产生的。一件事物经过无数次的重复，在大脑皮层就会留下记忆和痕迹，达到一定程度就产生条件反射。家庭、学校、社会生活的潜移默化，使人们形成了诸如生活习惯、职业习惯、动作习惯、语言习惯等的习惯。下意识行为可通过习惯、熟练及协调反射动作而产生。因此，人们生活中许多习惯动作及重复反射动作都可归类到下意识行为的范畴当中。

3. 下意识行为的特性

1）内隐性

下意识行为的内隐性是指行为不被个体察觉，没有主观感受，是内隐的行为。这种内隐性通常不会表现出来，除非是在特定的环境下才会被察觉。

图 6-23　炒菜时放在锅盖上的铲子

人的下意识行为发生时主观意识并不会注意到，但它实实在在地发生着，是隐藏在人的内心深处的意识。例如人们在做饭炒菜时会把勺子或者锅铲拿出来放在锅盖上，而锅盖往往是有弧度的，勺子或铲子很容易从上面滑落下来（图 6-23）。这种行为发生时人们并不进行思考，只是顺手而为。把勺子或铲子放在盖子上的下意识行为隐藏着人们需要找个方便放铲子的地方。设计人员可以通过对这种行为的观察，挖掘人的隐性需求，为设计提供方向，以满足人的这种隐性需求。

2）自动性

下意识行为是在感觉阈限下的刺激引起的行为活动。下意识活动不受个体自觉的调节控制，具有自动性的特点。人对外界的刺激感知有感觉阈限。倘若外界的刺激强度超过感觉阈限，这个刺激可以被个体感知和感受。若外界的物理刺激强度小丁感觉阈限，那这种刺激强度不能被个体感知和感受。下意识行为由外界适当的刺激引发，自动提取脑中已存信息，它们发生很快。自动性一旦形成，很难被其他因素影响及改变，自动性行为更快速、更准确、更稳定。人每天都要行走，要是有人问为什么会走，肯定很难回答，走路就是那么简单，不用为什么，就是一步一步走，不用思考先要迈出哪一步。这个动作是自动发生的。

3）本能性

生物体都会有生理本能反应，它是生物体对外界刺激本能的反应，生理学上的条件反射就属于其中的一种。当遇到危险时会下意识地躲避，会惊慌，这就属于本能反应。迎面飞来一本书即将打到身上，人不需经过思考就会自动躲闪。夏天女生穿裙子，来了一阵大风把裙子吹起，本能地就会用手捂着裙子。

4）自然匹配性

这里的自然匹配是指对已有认知信息的记忆在遇到相似情况发生时会发生自动匹配。诺曼认为下意识思维就是一种模式匹配的过程，是人从长期的认知、情感、经验中积累并以记忆的形式储存在脑内的。当发生较以往类似的情况时，在过去的经验中寻找与目前情况最接近的行为进行匹配，大脑储存的信息被自动提取，匹配当下发生的事情，无须思考，下意识地使用信息即可。比如人在解一道数学题时，发现这道题跟以前解过的一道题很相似，就会马上套用以前解题时使用过的公式来做。虽然不一定会成功，但这就是人的下意识行为。再比如，无印良品（MUJI）的设计师深泽直人设计的果汁盒，这些果汁包装盒模仿水果的色泽和质地，人们通过大脑存储的信息自然匹配水果的外形，不用文字说明，就能分辨出果汁的种类（图 6-24）。

图 6-24　果汁包装盒

5）转换性

下意识和有意识是可以转换的，其产生的行为也是在相互转化的。经过前期有意识的学习、摸索，反复机械性的训练，熟练后就会产生有意识向下意识的转化。而在进行下意识行为或作业时，一旦流程中断，或出现状况，下意识操作又会马上转换到有意识的过程。生活中，经常可以看到从有意识转化到下意识的行为。如人一开始学骑脚踏车会很努力，需要有意识地支配自己的行为，让自己保持平衡，不至于跌倒。经过反复练习，待骑自行车的技术熟练后，人有意识产生的行为，将逐渐转变为一种无意识行为（图 6-25）。又如，iPhone 的解锁是从左向右滑动的，熟练使用 iPhone 的用户习惯这个操作后，拿起 iPhone 自然而然地就会用手指从左向右滑动解锁。即使没有汉字的提示，也会自然而然地发生这种解锁的下意识行为动作（图 6-26）。

图 6-25　学习骑车　　　图 6-26　iPhone 手机的解锁界面

4. 生活中的下意识行为

日常生活中留心观察，会发现下意识行为并不陌生。经过调查与统计，比较有共性的下意识行为的例子有：

（1）上课的时候手会转笔；

（2）边咬笔头边做题；

（3）餐厅等人时，手指轻敲桌面；

（4）看到地上有空易拉罐或小石子就想踢；

（5）听音乐时，身体会不由自主地跟着晃动；

（6）与陌生人聊天时，一觉得不自在就喝水；

（7）喜欢把包装用的气泡纸一颗颗压破；

（8）坐在转椅上的时候常常左右转动；

……

你是否从中找到了自己的一些影子呢？

6.2.3　人的差错

由于人的行为存在"有限理性"，所以常会犯各种错误，如忘记关煤气、ATM 机取款后忘记取银行卡，等等。在人的作业和行为的各个阶段，差错随时可能发生。Rouse 等人的研究发现，在诸如核电站、航空、过程控制等复杂系统的重大事故中，60%~90% 是由人为差错引起的。Gopher 等人对某个医疗机构研究发现，医生和护士平均每天在每个病人身上要犯 1.7 个错误。出现差错是人的失误和各种因素综合产生的结果。比如，在紧急状况下误读仪表，除了有可能是用户在紧张的情况下具有慌乱的内部状态，同时，也可能是仪表显示不当造成认读困难。Norman、Reason 和 Wood 等人的研究发现，人为差错多数并不是由人不负责任的行为造成的，而是由不合理的系统设计和不好的组织结构造成的（图 6-27）。

图 6-27　仪表盘显示不当

1. 人的差错的类型

差错有几种形式，其中最基本的两种类型是失误（slip）和错误（mistake）。

失误由习惯行为引起，是一种下意识的行为，下意识的行为本来是用来满足人的目标的，却在中途出了问题。错误则产生于意识行为中。意识行为让人具有创造力和洞察力，能从表面上毫不相关的事物中看出它们的联系，并使人根据正确的，或者是错误的证据迅速得出正确的结论，但是这一过程同样可以导致差错。面对新情况时，人能够从少量信息中归纳出结论，这一能力至关重要。

通过分析行为的七个阶段，来观察失误和错误的不同。如果一个人设立了一个正确的目标，但在执行过程中出了问题，那就属于失误。失误大多是小事：找错了行动对象，移错了物体，应该做的事没去做。只要稍加注意和观察，就能察觉出这些失误。错误的原因往往是选错目标导致的。相对的，错误可能是严重的事，而且很难察觉出。

1）失误

失误通常是由于行动规则选择错误而导致的行为目标意图错误，它是由于在人的行为实施层面上出现错误而产生的。与错误不同，失误是正确的意图被错误地执行了。最为典型的失误有捕获性失误（capture error）和描述性失误（description error）。

捕获性失误是指一系列目标行为被类似且熟悉的行为模式捕获时产生的错误，具体表现为某个经常做的动作突然取代了想要做的动作。比如某人正在唱一首歌，突然跳到另外一首他更加熟悉的歌曲上面去了。如果两个动作的初始阶段十分相似，其中一个动作比另外一个动作更加熟悉，就容易出现捕获性失误：不熟悉的动作被熟悉的动作所"捕获"。

描述性失误是一种普遍的现象。描述性失误是由于执行对象或行动过程描述不够精确，将正确的动作施加在错误的对象上。错误对象与正确对象之间越相似，描述性失误越可能发生。比如，想拿酱油，却拿成了醋，因为两者形态、色彩十分相似。还有相似的饮料在同一货架上容易被搞混（图6-28）。在设计中，如果两个形状相似又相邻的控制器排布在一起，就容易发生描述性失误。上一节提及的1999年发行的第五套人民币中的50元和10元纸币在使用过程中的混淆，也属于描述性过失。

图6-28 货架上相似的饮料

其他的失误还有数据干扰失误、联想失误、忘记动作目的造成的失误和功能状态失误等，在此就不一一累述。

2）错误

错误是没有形成正确的目标或意图，在信息加工层面上造成的错误。人的错误可以区分为两种，即基于知识的错误和基于规则的错误。

基于知识的错误，是由于对情景的错误理解而形成了不正确的行动计划。这样的错误往往起源于信息加工能力有限、不正确的知识或不愿意投入巨大的努力来形成正确的意图等原因。比如，亚里士多德根据他观察的现象指出，下落的速度与物体的质量有关，但现代物理学证明，下落速度与物体质量无关。这就是典型的基于知识的错误。

基于规则的错误发生在操作者存在某种自信的情景下。操作者在长期的生活和工作实践中形成了关于进行某项工作的规则，那么他在处理目前的情况时，往往会把现在的情况与过去的经验进行"类比"操作。正如前面所提到的,这些过去的经验并不总能运用到目前的情况中。比如用户之前使用的是摩托罗拉公司生产的一款手机,该款手机接听键设计在右侧,挂机键设计在左侧。之后他换了一款诺基亚手机,这款手机的接听键与挂机键位置与之前的手机正相反。用户已经习惯了摩托罗拉手机右键接听电话,所以刚使用诺基亚手机时很容易发生错误。

2. 人的差错的主要原因

人习惯于对周围的事物进行解释。但由于人的心理模型存在"有限理性",人对周围事物的解释往往是不正确的。例如,在 R 结果产生之前,做过动作 A,一旦两件事情接连发生,人们就会认为它们之间具有某种因果关系,会得出结论说 A 导致了 R,即便 A 和 R 之间并没有关系。人们倾向于找出事情的缘由,不同的人可能会找出不同的原因。

失败了,是谁的错?没有明确的答案。在寻找失败的原因时,所拥有的信息太少,有些信息或许还是错的。"归罪心理学"相当复杂,目前还没有人把它彻底地研究明白。有时,人们似乎认为归罪对象与结果之间存在因果关系;有时,人们会把一些与结果毫无关系的事情认定为原因;有时,人们会忽视真正的罪魁祸首。

一件产品不知如何使用,这到底是谁的错?用户很有可能会怪罪自己,因为他相信其他人都知道使用方法,所以下结论认为是自身的错。其实可能是产品设计的问题,用户却认为是自身的错,也不会向别人提及所遇到的困难。

人在做某件事情的时候,历经多次失败,错误地认为自己不能做好该件事情,会陷入一种无助的状态,这叫做习得无助感(learned helplessness)。用户在使用产品的时候,很容易产生习得无助感。如果产品设计得不好,出于人的心理模型的特点,用户会容易产生误解,错误地认为自己不能使用该产品,从而放弃使用,特别是在别人可以使用该产品时,用户会产生内疚和畏惧。诺曼认为,出现这样的情况,多半是由于设计失误造成的。生活中容易让用户陷入习得无助感的产品主要是数字高科技产品,多功能,却让人不知道怎么用。例如复印机和单反相机等(图 6-29、图 6-30)。单反相机复杂的操作按键和程序界面,让用户无从下手,即使阅读说明书后仍然不会使用。看到别人用单反相机拍摄出优美的照片,而自己却不能时,用户就会产生畏惧和放弃心理。

图 6-29 复印机

图 6-30 单反相机

总体来看,按人机系统形成的阶段,人的差错可能发生在设计、制造、检验、安装、维修和操作等各个阶段。但是,设计不良和操作不当往往是引发人的差错的主要原因,由表 6-1 举例说明。

表6-1 人的差错的外部因素[①]

类型	失误	举例	类型	失误	举例
知觉	刺激过大或过小	1. 感觉通道间的知觉差异； 2. 信息传递率超过通道容量； 3. 信息太复杂； 4. 信息不明确； 5. 信息量太小； 6. 信息反馈失效； 7. 信息的储存和运行类型的差异	信息	按照错误的或不准确的信息操纵机器	1. 训练： （1）欠缺特殊的训练； （2）训练不良； （3）再训练不彻底。 2. 人机工程学手册和操作明细表： （1）操作规定不完整； （2）操作顺序有错误。 3. 监督方面： （1）忽略监督指示； （2）监督者的指令有误
显示	信息显示设计不良	1. 操作容量与显示器的排列和位置不一致； 2. 显示器识别性差； 3. 显示器的标准化差； 4. 显示器设计不良： （1）指示方式； （2）指示形式； （3）编码； （4）刻度； （5）指针运动。 5. 打印设备的问题： （1）位置； （2）可读性、判别性； （3）编码	环境	影响操作机能下降的物理的、化学的空间环境	1. 影响操作兴趣的环境因素： （1）噪声；（2）温度； （3）湿度；（4）照明； （5）振动；（6）加速度。 2. 作业空间设计不良： （1）操作容量与控制板、控制台的高度、宽度、距离等； （2）座椅设备、脚、椅空间及可动性等； （3）操纵容量； （4）机器配置与人的位置可移动性； （5）人员配置过密
控制	控制器设计不良	1. 操作容量与控制器的排列和位置不一致； 2. 控制器的识别性差； 3. 控制器的标准化差； 4. 控制器设计不良： （1）用法；（2）大小； （3）形状；（4）变位； （5）防护；（6）动特性	心理状态	操作者因焦急而产生心理紧张	1. 人处于过分紧张状态； 2. 裕度过小的计划； 3. 过分紧张的应答； 4. 因加班、休息不足引起的病态反应

　　在进行人机系统设计时，设计人员可以对表6-1中的"举例"进行仔细分析，由此获得有益的启示，对系统进行优化，从而使诱发人的差错行为的外部环境因素得到控制，并最终减少人的差错行为。图6-31中的防尘鹈鹕杯设计，是一个带有兜状形态的弹性塑料罩，当电钻在墙面上钻孔时，套于电钻前，可自然地贴合于墙面，将各个方向的粉尘自动滑入鹈鹕喙状的容器中，保持环境清洁，防止散落的灰尘影响空间环境而降低使用者操作的准确性。

---

① 丁玉兰. 人机工程学 [M]. 北京：北京理工大学出版社，2005.

图 6-31　防尘鹈鹕杯

至于诱发人的差错行为的人体内在因素则极为复杂，仅将其主要诱因归纳于表 6-2，设计人员在设计时可以对其进行分析，灵活运用。

表 6-2　人的差错的内在因素[①]

项　目	因　素
生理能力	体力、体格尺度、耐受力，有否残疾（色盲、耳聋、音哑等）、疾病（感冒、腹泻、高温等）、饥渴
心理能力	反应速度、信息的负荷能力、作业危险性、单调性、信息传递率、感觉敏度（感觉损失率）
个人素质	训练程度、经验多少、熟练程度、个性、动机、应变能力、文化水平、技术能力、修正能力、责任心
操作行为	应答频率和幅度、操作时间延迟性、操作的连续性、操作的反复性
精神状态	情绪、觉醒程度等
其　他	生活刺激、嗜好等

设计人员可以对表 6-2 中影响设计的人的内在因素仔细分析，了解不同的人的特征，优化设计，减少人的差错行为。图 6-32 所示的多用十字手杖是一套保证老年人日常行动安全的设计方案。老年人随着年龄的增长，生理、心理逐渐老化，抓握力减弱，腿脚不便，蹲起需要人的帮助。这套设计方案由手杖和底座两个部分组成。手杖的把手位置由 L 造型改进为十字造型，增加了抓握力。手杖卡进底座，可以 90° 范围内转动，即从垂直转动到水平。垂直状态时手杖可从底座放进、取出；水平状态时手杖锁住。在老年人需要蹲起的床边或者马桶边安装底座，把手杖变成一个牢固的扶手为其提供帮助。

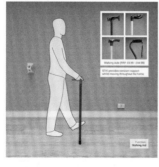

图 6-32　多用十字手杖

---

① 丁玉兰.人机工程学 [M].北京：北京理工大学出版社，2005.

3. 与差错相关的设计原则

人们常常认为应该尽量避免出错，或者是认为只有那些不熟悉技术或不认真工作的人才会犯错误。其实每个人都会出错。设计人员的错误则在于没有把人的差错这一因素考虑在内，设计出的产品容易造成操作上的失误，或使操作者难以发现差错，即使发现了，也无法及时纠正。尽管人的差错有时无法避免，但事实上，如果运用正确的方式，很多时候还是可以减少差错的发生。人的差错与人机系统的安全、效率等密切相关。因此，如何避免人的差错对于提高系统的可靠性、高效性等具有十分重要的意义。

如果设计人员对人的差错行为进行有效的分析与预测，作出相应的对策，虽然不能完全避免差错的发生，但至少会大大减少差错发生的概率。针对人的差错的避免与预防，设计人员应该注意以下几点。

（1）了解各种导致差错的因素，在设计中，尽量减少这些因素。由于导致人的差错的因素是多方面的，而且每次导致差错的主要因素可能完全不同，这就要求设计人员在设计时，应当针对涉及不同因素的各类具体差错问题，进行有差别的分析与考虑。如此，才能根据不同差错因素的特点针对性地制定出不同的设计对策，将负面因素的影响减小到最小，并最终避免或减少人的差错的发生。比如，针对信息太复杂和信息反馈失效的问题，可以考虑将信息归类简化，并提供产品使用过程中清晰的行为反馈，这样就可使操作者在产品使用过程中明确执行自己的任务，预见或注意到自己的行为差错，减少差错的出现或减小差错的后果。

图 6-33 是韩国 ID+IM 设计实验室设计的 heartea 触摸感温杯，杯身有一个凸起的小圆球 LED 灯，随着杯子里的水温不同，小圆球会显示出三种不同的颜色，红色代表热情沸腾，这意味着杯子中的水温在 65℃以上，需要慢慢喝，不然会烫嘴；橘色代表不温不火，此时杯子中的水温在 35~65℃，入口刚刚好；蓝色则是入口稍显冰冷，此时水温大概为 0~35℃。杯子平时放在桌上时，小圆球并不会发光，只有当手和它接触时，才会根据杯中的水温显示出相应的颜色。小圆球 LED 灯根据不同温度显示出不同颜色的信息提示，使操作者在产品使用过程中能够预知水温，减少意外的发生。

（2）使操作者能够撤销以前的指令，或是增加那些不能逆转的操作的难度。人们在实施某一项任务时，常常会出现这样的差错：实施了某一不应该实施的任务；对任务作出了不适当的决策；没有觉察到某一危险情况等。针对这样的问题，设计人员需要把人的差错考虑在内，让操作者能够觉察发生差错，并及时采取措施纠正差错，避免失误操作。如在搭乘电梯时，操作者如果按错楼层，可长按错误楼层的键，两三秒钟后就可取消，避免电梯在错误的楼层停留，浪费时间（图 6-34）。

图 6-33 heartea 触摸感温杯

（3）使操作者能够比较容易地发现并纠正差错。人们经常会出错。在平常的交谈中，很少人在一分钟之内没有发生说错、重复、说了一半停下来或是重新说一遍的现象。人类的语言具有某些特殊机制，能够自动纠正错误，以致说话人很少会意识到这些错误的存在。若有人指出他们话语中的错误，他们或许还会

图 6-34 长按电梯按钮取消

感到很惊讶。人造的物品就没有这种容忍度，一个键按错了，就有可能带来麻烦。因此，设计人员在进行设计时，应当考虑通过多种方式，包括形态、声音、指示灯、震动等，提醒人们发现自身的行为差错，并迅速进行纠正。比如，有很多产品的电池仓口，设计成不规则形状，如此一来，在塞电池的时候用户就很容易发现电池是否放对方向，如果塞不进，说明出错，马上换一个方向即可正确使用（图6-35）。

图6-35　电池仓口

（4）改变对差错的态度。要认为操作者不过是想完成某一任务，只是采取的措施不够完美，不要认为操作者是在犯错。如果你设身处地地想明白人们出错的原因，就会发现大多数差错都是可以理解的，而且是合乎逻辑的。不要惩罚那些出错的人，也不要为此动怒。尤为重要的是，不要对差错置之不理，想办法设计出可以容错的系统。设计人员处理差错的方法有很多，但最关键的一点是，要用正确的态度看待差错问题。不要认为差错与正确的操作行为之间是截然对立的关系，而应当把整个操作过程看作人和机器之间的合作性互动，双方都有可能出现问题。例如，给老年人设计手机（图6-36）时则更应考虑可逆操作，因为老年人的适应能力减弱，感知功能衰退，因此在手机设计上操作方便是设计关键，功能模块化、界面友好、突出亲近感，重视和保护老年人。这种设计哲学应用在具有智能的产品上很容易，然而在设计不具有智能的产品时，比如门，就有些困难。但是不论哪一种情况，设计人员都应该实行以用户为中心的设计原则，从用户的角度看问题，考虑到有可能出现的每一个差错，然后想办法避免这些差错，设法使操作具有可逆性，以尽量减少差错可能造成的损失。

图6-36　为老年人设计的手机

　　人们在出现差错时，通常都能够找到正当的理由。如果出现的差错属于错误的范畴，往往是因为用户得到的信息不够完整或是信息对用户产生了误导作用。如果是出现失误，就很可能是设计上的弊端或是因操作者精力不集中造成的。人们正常的行为并非总是准确无误，要尽量让用户很容易地发现差错，且能采取相应的矫正措施。有时，甚至可以考虑将出现的差错操作，变成一种正确的方式。

也许在你身边会遇到这样的尴尬：落水者被好心人救上岸，但旁边的人因为不懂急救知识而错失了最佳急救时机。图 6-37 所示的溺水急救毯的功能是在紧急情况下帮助人们展开急救。该设计材质和瑜伽毯子差不多，大小规格是 1.5m×2.5m 左右，打开以后，上面会显示急救知识，比如胸口的位置。人们根据急救毯上提供的急救知识，一步一步地施予急救。该设计可以作为一种急救设备放置在湖边等公众场所。

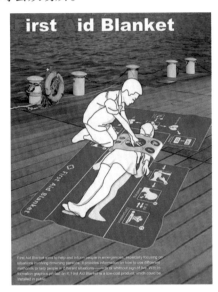
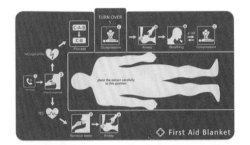
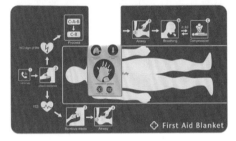

图 6-37　溺水急救毯

在日常生活中很多东西人们用得不顺手，但是又不得不去适应它。事实上，可以将人出现的差错操作，变成一种正确的方式。比如，U 盘是大家经常使用的一个小产品，将 U 盘插入 USB 接口时，要事先区分顶部和底端，否则便插不进去，人们往往都得试两次才能成功。如果要插在计算机机箱后那些看不到的地方就更麻烦。图 6-38 中的双面 U 盘，其接口取消传统的矩形金属框，采用超薄设计，在接口端的两面均封装了金属触点，无论哪一面插入 USB 接口，都能连接传输数据，用户不需要多次尝试，一次成功，提高操作便利性。

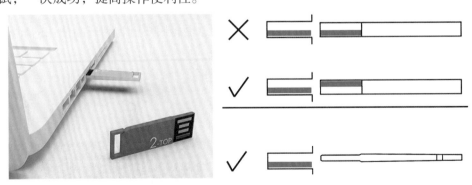

图 6-38　双面 U 盘

6.3　基于行为的人机工程学设计

人性化设计不是一个简单的概念，它涉及很多层面的研究。这与设计对象的繁简并无直接关系，而是关系使用它的行为。人的行为背后存在动机和需要，需要引起动机，动机决定行为。通过研究行为，了解人背后的生理、心理需要和相关动机，才能设计出更好的作品。同时，优秀的设计也有可能改变人们的旧有行为方式。无论是行为指引设计，还是设计引导行为，都建立在行为研究的基础上。行为研究就是研究人类行为的动机、情绪，以及人与环境之间的关系，它对指导设计有着重要的意义。基于人们的行为方式来进行设计，是实现人性化设计的重要途径之一。

6.3.1 行为对设计的导向作用

人对产品的使用是通过各种感觉器官来感受，再靠认知判断来判别其功用和性能，然后产生行为。优秀的设计并不是设计师一时灵感闪现的结果，而是对用户的需求作出贴切应答的结果。这一过程中，将人的行为作为设计导向是一种有效的途径。经过一系列精密细致的行为预想，能够了解到人的需求，从而设计出令其满意的产品。

根据人的行为来引导设计方向，就需要清楚了解人的操作行为及其背后操作意图之间的匹配关系。这就要求设计人员对人们使用产品的行为进行仔细的观察和分析，了解人在使用过程中的每一个动作，思考隐藏在内的人的意图。总体来看，主要可以从认知行为、使用行为和购买行为三个方面来分析行为在设计中的导向作用。

1. 认知行为对设计的影响

从认知学的角度看，所有的设计都具有不同程度或者不同方式的信息传达意义，产品信息设计与功效性、可用性、易用性等要素存在密不可分的关系。认知主要包含几个方面：对于物体的感觉，对于环境刺激的注意和解释，对于过去事件和知识的记忆以及在此基础上形成的思维过程。认知是有选择性的，认知行为对设计的影响可以考虑以下几个方面。

1）设计的情感化

设计的情感化是一种着眼于人的内心情感需求和精神需要的设计理念，它能创造出令人快乐和感动的产品，使人获得内心愉悦的审美体验，让生活充满乐趣和感动。人们都喜欢美观的物品而不是丑陋的物品，这是人类本能的认知感觉，是人们在第一时间看到设计时所产生的一种最直接的认知感受，它是由设计外观呈现出来的某些特性所引发的。当设计在外观、肌理、触觉等方面给人一种美的体验时，使用者就会有好的情绪感觉。成功的设计之所以能够完美融入人的行为，并使人们能够长时间保持愉悦的心情支持这种行为，是因为它们总是与用户行为和产品使用的环境紧密相连。只有通过对人的行为进行细致的观察和梳理，设计出符合行为特征的产品，人们才会被这些带有情感的设计所吸引并产生认同，继而改变原有的生活态度、环境意识、价值取向等心理方式。

图 6-39 所示为一个良好的情感化设计案例。这是泰国 QUALY 公司设计的一款松鼠抽纸盒，通过小松鼠和树木压着盒内的纸张，防止纸张浮起，每当抽取一张纸，松鼠和树苗就会下降一些，抽取的纸张越多，松鼠和树苗就会消失得越快。该设计通过一种有趣的形式，来提醒人们尽量减少纸张的使用，由此来保护树木和动物。与以往一些设计不同，它不是对人们进

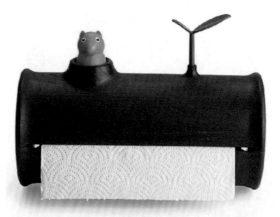

图 6-39　松鼠抽纸盒

行枯燥的教导式行为引导，而是通过人们使用产品时的良好情感体验，从视觉上和心理上愉快地接受环保意识，从而增强整个社会的环保意识。

再比如，图 6-40 所示的泰国品牌 PROPAGANDA 的 "TWINS" 调味瓶设计。该品牌的英文意思是传教总会，其设计理念——将生活里所有的物品注入幽默的生命。"TWINS" 调味瓶 2000 年在美国获得了 "Good Design Award"，并被芝加哥博物馆列为永久性的收藏。它就像黑白分明的两个朋友，拥抱在一起，可以分开独立使用。也许厨房在很多人眼中是单调乏味的，但是如果你拥有这样可爱的拥抱调味瓶，厨房就会让你的生活充满乐趣和感动。由此可见，优秀的情感化设计，能够仅仅通过一个小小的调味瓶，就使厨房拥有了巨大的快乐和强大的吸引力，从而彻底改变人们的生活态度。

图 6-40 "TWINS" 调味瓶

由以上两个优秀的情感化设计案例可以看出，情感化设计在人们的日常生活中随处可见。情感化设计能够实现产品的精神功能，满足人们的精神需求，使产品具有良好的"亲和力"，让人们在使用产品时拥有愉悦的心情。情感化设计拉近了人与产品、人与人之间的距离，在更深层面上体现出对人性的关怀和体贴，把对人的情感需求的关注融入到设计之中，满足了产品在实用性以外的功能，为人们带去更多可以获得愉悦和感动的产品，让生活丰富多彩。情感化设计加强了人的认知行为，不仅使设计变得生动有趣，也帮助设计获得巨大成功。

2）设计的可视性

可视性是基于视觉感受来创造可识别的优美视觉环境，它的出发点是人们的行为习惯和生活需求。可视性要做到把人的视觉心理放在第一位。设计的可视性就是要能提供正确的引导，通过正确清晰的设计模式，给用户建立正确的概念模式，使用户的操作得到正确的反馈。设计所传达出的信息应该使消费者易于接收和理解，并且引起消费者的注意。

一般来说，设计的形式可以向使用者提供关于固定方式、安置方式、物与物相对位置等方面的信息；可以向使用者提供关于当前工作状态方面的信息；可以提示使用者正确的操作方法和操作步骤，让人轻易就能明白哪些属于看的，哪些属于可动的，哪些部分是危险的、不可随意碰的，哪些部分是不可拆解的，从而减少认知的负荷。例如儿童玩具设计，可供儿童操作的部分应该色彩醒目，形态特点明确，以吸引儿童的注意力；而避免儿童操作的部分应该色彩低调，形态弱化，以减少儿童的注意力（图 6-41）。

设计的可视性在操作时是尤为重要的。正确的操作部位必须显而易见，而且还要向用户传达出正确清晰的信息。图 6-42 车内饰各个区域界限划分明显，中控一侧向驾驶员倾斜，增强驾驶者的可操作性；液晶屏信息显示字体有利于驾驶者更好地获取行车信息。再比如，十字路口红绿灯的设计对人们的行为改变尤为明显，"红灯停，绿灯行，黄灯亮了等一等"已经成为人们的口头禅，并渐渐成为人们的潜意识，从而彻底改变人们过马路的习惯，大大提高了交通的安全系数（图6-43）。

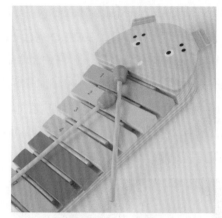

图6-41　儿童玩具

图6-42　车内饰

图6-43　红绿灯

2. 使用行为对设计的影响

　　诺曼曾针对日常生活中人们在产品使用上所遭遇的问题，提出他的主张：使用一件好的产品时，用户不需要通过错误行为的尝试，就可轻易地在产品的设计上找到答案，使用时不会在心理上产生负担。使用行为是人类维持生存的基本功能，好用的设计应是顺应人的使用行为，符合人们的需求的。使用行为往往需要从产品以及使用环境中获取相关的信息来完成，并且为了今后的使用还需要对相关信息加以记忆。所以，从人的使用行为分析的角度着手进行设计，不仅有利于产品在使用状态时的人机系统化，使产品与人之间产生更好的互动性，达到方便、准确、高效地使用产品的目的，也有利于设计塑造真正的"以人为本"的形象。

1）使用的目的性

　　人们使用一个产品实际上是一种有目的的行动。首先是确定目标、明确意图，然后是采取行动。虽然具有相同的目标，但是由于使用情境的不同，采取的行动内容也会有所不同。在一个情境中适宜的行为可能在另一种情境下并不适宜。例如，同样是口渴了想喝水，在办公室会选择用精致的杯子冲一杯咖啡细细品味，在郊外则会选择一瓶矿泉水一饮而尽。因此，在设计时应考虑人们在不同情境下的不同需求。

　　消费者买一个产品到底是为了什么？其实就是为了要达到某种使用目的。洗衣机，是为了能洗衣服；相机，是为了能照相等。人们的使用目的存在多样性，它受到人种、年龄、性别、性格、能力、经验和社会阶层等多方面的影响，存在着巨大的差异性。所以，设计时还应考虑不同使用者的不同需求。比如，不同人群对于手机的使用目的是不同的，老年人主要是接打电话，年轻人则是多功能、多媒体的使用。同样是一个手机，对于年轻人而言，由于需要看电影的功能，所以手机屏幕的显示就应当能够横屏显示（图 6-44）。

再比如，同样是饮料瓶，Y Water 儿童饮料瓶就设计得非常有特色，有针对性。一般来说，对于很多消费者，饮料瓶除了盛装饮料的功能之外，别无他用。而这款为儿童设计的饮料瓶，不仅是一个饮料瓶，还是一款智力玩具。该设计除了根据不同的特质进行色彩的区分外，还可以在饮料喝完之后进行二次使用，将瓶子逐个链接起来，成为一种积木玩具。这个设计不仅鼓励孩子的创造性，更教育儿童学会废物再利用（图 6-45）。

图 6-44　手机横屏显示

图 6-45　Y Water 儿童饮料瓶

由此可见，很多时候，使用的目的性对设计有着非常大的限制性。这种限制其实是在设计的最初阶段就存在了，并且根据其使用者不同，设计也变得有所不同。所以要仔细分析使用者的需求与特性，从使用行为中去了解使用者，给予他们真正需要的功能。

2）使用的易用性

易用性是设计中要考虑的重要特质之一。自从原始人开始利用器具进行改造自然那一刻起，如何借助外物来方便自己行动的愿望就慢慢萌芽，这就是最初的易用性。任何产品对用户来说都是完成行动的一个工具、一种方法、一种途径，而不是目的。

当人们第一次接触某种产品时，通常会借助于认知行为，通过调用记忆中的知识进行匹配，或者从产品的设计中寻找可供解释的信息。如果能够满足这两个条件，使用者操作起来就会轻松自如。反之，如果某种产品在使用前必须详细阅读说明书，理解并记忆复杂的操作过程，使用者每次使用都需要考虑操作步骤是什么，那么他可能早就把这个产品置于一边不予理会了。因此，必须尽可能地减少使用过程的思维负荷，使产品变得简单易用。

易用性理念其实在中华民族造物的远古时代就开始萌芽，老祖宗们擅长于用简单巧妙的方式去解决复杂的问题，筷子的发明就是个很好的例子。筷子使用的广泛性和便利性不仅体现在功能上，而且体现在它的形态结构上。如此简单的两支小棍，却精妙绝伦地应用了物理学上的杠杆原理，使其成为人类手指的延伸，轻巧、灵活、方便，夹取食物的适应性很强。不仅如此，筷子还能通过手功能的训练促进脑的发育，有利于人类智力的发育（图 6-46）。

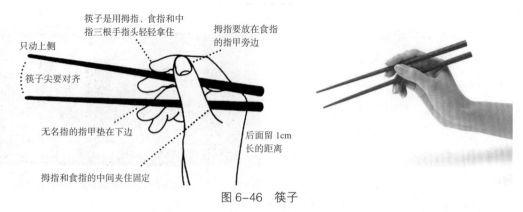

图 6-46　筷子

　　对于产品的易用性，可以考虑通过产品上的限制因素和预设用途来实现。也就是说，设计师充分考虑使用者可能出现的错误，利用各类限制因素，使消费者只有一种选择，以限制和简化使用者的操作。例如乐高玩具摩托车的设计（图 6-47），它虽然由 13 个零件组装而成，但是由于每一个部件在结构、语义或者文化上考虑了限制因素，即使不看说明书也能把玩具摩托车成功组装。此外，通过设计者的心理模型与用户的心理模型相匹配，也是一种使产品易用的有效方法。图 6-48 所示的"线龟"是针对家庭或办公室里杂乱无章的电线而设计的，把电线缠绕并藏进球内，帮助用户整理了电线，简洁、美观而又方便使用。它从视觉上和心理上给予人们良好的用户体验，使产品的使用状态与用户所期望的状态保持一致，从而达到设计者的心理模型与用户的心理模型相匹配的效果。

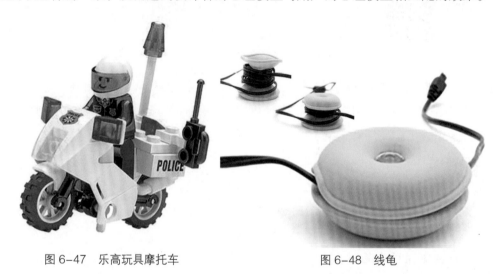

图 6-47　乐高玩具摩托车　　　　　　　　图 6-48　线龟

　　产品的易用性是体现人性化设计的重要因素，设计师应该树立"以人为本"的设计理念，在设计之初就将各种因素尤其是易用性考虑到设计当中去，协调与设计相关的各类学科，设计出更多充满人性化的、方便人们生产和生活的产品，改善和丰富人们的生活。

3. 购买行为对设计的影响

　　购买行为是指消费者在寻找、购买、使用和评定希望满足其需要的产品、服务和思想时所表现出来的行为。消费者购买行为十分复杂。通常对消费者而言，实现一次购买行为是一次解决问题的决策过程，它集中表现为购买商品。消费者作出购买决策并非一种偶然发生的孤立现象，它通常分为五个阶段（图 6-49），其中既有表露于市场上的有形活动，又有看不到的心理活动过程。

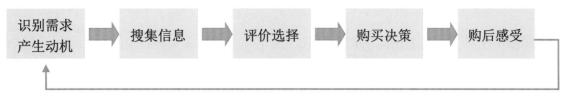

图6-49 消费者产生购买行为的五个阶段

现代设计的主要目的之一就是满足消费者的需求。所以，设计师应当研究与剖析消费者的购买行为，并以此作为基础，展开各种产品的设计，满足消费者需求，从而达到设计和消费者购买行为的和谐统一。消费者的购买行为不仅受到产品外观、功能、颜色等方面的影响，还受到社会、文化、心理和消费者自身因素的影响。研究这些购买行为的影响因素，对设计有重要的意义。

购买行为的产生能促进设计的完善和演变，可以说，产品设计与消费者购买行为是互为前提的辩证统一的关系。因此，在设计时，应该以消费者的需求和购买行为为前提。没有消费者的购买，再好的设计也只能是枉然。同时，也应该了解消费者的需求和购买行为，设计好产品主动满足消费者的需求和购买行为，让设计在满足消费者需求的同时得到发展与升华。

比如，儿童的购买行为主要受感情动机的影响，表现出冲动性和不稳定性，求新、好胜、好奇等都可以促进儿童的购买行为，如儿童玩具的卡通造型、服装上奇特的口袋、食品袋里赠送的小玩具、童车外表模仿动物外形的喷漆花纹等，都可引起儿童强烈的购买欲望（图6-50）。而老人的购买行为则越来越受到健康因素的影响。老人由于年龄生理退化等因素，更倾向于购买具有健康保健功能的产品，例如，足浴盆、颈椎按摩器等，由此达到健康长寿的良好意愿。

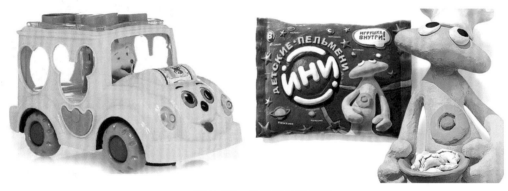

图6-50 儿童产品及包装

6.3.2 设计引导及改变人们的行为方式

意大利设计师索特萨斯认为："设计就是设计一种生活方式，因此设计没有确定性，只有可能性。"也就是说在满足最基本的功能要求之外，设计的内涵和外延可以无限扩大。设计的对象是产品，但设计的目的是为了满足人的需求，创造一种更合理的生活（或使用）方式。从这个角度来看，设计不仅要适应人们当下的行为方式，还要引导人们形成新的、操作性更强、更舒适、更符合习惯的行为方式。

随着经济、技术、文化等的发展，大量的新设计也不断涌现。这些新设计与过去已有的设计共同发挥作用，潜移默化地影响和改变着人们的观念与生活习惯。从设计的角度来看，主要有以下几个方面。

1. 功能

功能是指设计所具有的效用，并被接受的能力。设计只有具备某种特定的功能才有可能进行生产和销售。设计实质上就是功能的载体，实现功能是设计的终极目的。人们购买、使用的都是依附于设计实体之上的功能。人在与设计发生关系的行为中，功能需求是第一位的，具有良好功能的设计往往会给人带来愉快的行为体验。

在物质供应极为丰富的当今时代，设计的功能引导行为显得尤为重要。优良的功能设计引导人们的行为举止走向优雅文明，使人们的生活环境更加美好和谐。在一个高度文明的城市，看到十字路口的红绿灯，人们会下意识地自觉遵守交通规则；看到路边的垃圾桶，人们不会乱扔垃圾。例如在荷兰的某城市，人们曾经不愿意或者不习惯使用垃圾桶，造成了城市环境污染严重。设计师便设计了一款安装了重力感应器的"奖励式"垃圾桶，当它感应到垃圾的重量时，就会播放一则笑话或幽默的小故事（图6-51）。这种新鲜的垃圾桶受到普遍欢迎，人们开始主动投放垃圾。在这一案例中，设计师正是从"以人为本"的设计理念出发，利用了反向思维，通过合理的设计引导人们改变乱丢垃圾这一行为，而不是去适应人的这一行为。

图6-51 重力感应器的"奖励式"垃圾桶

在设计工作中，设计师只有充分体现对人的行为、人的存在的关注，尽力提供能够帮助人们更好生活的具体手段，设计才能真正体现创造的独特价值，并推进社会经济的进步和发展。设计师应当通过对人心理层面的研究，通过合理的设计优化产品的功能。从以人为本的设计理念出发，通过大量的对具体的设计实践的调查，获得尽可能多的资料，在分析的基础上加以比较与归纳，展现出设计对行为的影响。比如，如今在公共交通中使用的一卡通，就是产品非物质化设计的典型。传统的纸质车票使用后就被抛弃，无法重复利用，这不仅是对纸张的浪费，也是对环境的污染。公交一卡通不仅继承了票据本身的功能，还可以重复充值使用。同时，由于一卡通使用便捷，很多公交线路可以实现无人售票，节约了人力成本，规范了乘车秩序，可谓一举多得（图6-52）。

图6-52 公共交通中使用的一卡通

当前，不少设计开发出来的新功能，正在逐渐改变着人们的行为。比如手机，它经过了几代发展，已经不再是单纯意义上的移动通信工具，它不仅拥有通信功能，还拥有游戏、拍摄、多媒体播放和上网等功能。手机从信息获取到购物、娱乐、生活，衣食住行旅游无一不包。手机的这些功能将人们从繁忙的工作运转中解脱出来，让人的身心放松。现代手机强大的多种功能，已经使人们的生活、学习和工作方式发生了彻底的改变。不管在哪儿，人们都喜欢拿着手机，盯着手机看，不管周边环境，它已经成为人们随身携带的必备物品之一（图6-53）。今后，随着多媒体通信技术的实现与发展，手机可能会变成万能的

图6-53 常见的手机使用场景

产品，包括钥匙、遥控器等各类功能，都会成为它的一部分。到那时，人们的行为又将发生巨大的改变。

2. 形态

如果说设计是功能的载体，形态则是设计与功能的中介。形态是设计最基本的属性特征，给人最直观的视觉、触觉和操作使用时的心理感受，这些决定了设计的形态与使用者的因素息息相关。设计形态包括意识形态、视觉形态和应用形态。设计形态不仅带给使用者视觉、触觉上的生理体验，而且还引导他们产生心理境界与情绪意识的感受。形态更多地与人的行为、认知等功能层面发生作用。人们通过基本的感官，体验到设计较为抽象的造型、色彩、情感及内在文化，这些因素的集合，构成了设计形态的精髓，表现了人们对社会文化、时尚潮流的倾向与品位，从而与设计产生情感共鸣。没有形态的作用，设计的功能就没有办法得以实现。

形态具有表达语意的作用，设计通过形态传递信息，使用者接收信息作出反应，在形态信息的引导下，正确使用产品。设计形态传达出的信息应该能使人接受和理解，它通过自身的解说力，使人可以很明确地判断出设计的属性。以剪刀为例，即使以前从未见过或使用过剪刀，你一看也能明白它的使用方法：剪刀把手上的圆环显然是要让人放东西进去，而唯一合乎逻辑的动作就是把手指放进去；圆环的大小决定了使用上的限制：圆环大可以放进数根手指，圆环小则只能放进一根手指；同时，剪刀的功能不会受到手指位置的影响：放错了手指，照样可以使用剪刀（图 6-54）。

图 6-54　剪刀

微笑钥匙（图 6-55）将钥匙由平板变成了弧形，与普通钥匙相比，这一形态变化带给人们更多的便利：①自然的弧度，贴合拇指和食指，用着更舒服；②更容易分辨钥匙的朝向，不用去记忆哪面是正确的朝向；③钥匙平放的时候，因为有弧度，更容易被拿起来；④钥匙上面有数目不等的凸起小颗粒，用于区分种类，比如，1 个小颗粒是办公室的，2 个是自家大门，而 3 个是卧室的。这在晚上视线不清晰时很方便，不用一串钥匙挨个尝试。它是 2013 年德国 iF 设计奖的获奖作品。

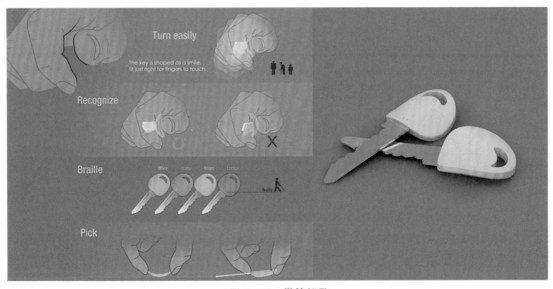

图 6-55　微笑钥匙

家庭影院的控制系统有着各种不同形态的操控界面，圆形的、方形的、凸起的、下凹的等，一些好的界面形态设计，虽然没有任何说明，人们依然能够很容易辨别各种不同的操作方式，圆形凸起的是旋钮控制，下凹的为按压控制等（图6-56）。

图6-56　家庭影院的控制系统操控界面

形态规范着个体的行为方式，起着导向作用。男性在公厕小便时，时常会溅出来弄脏地面，后面的人为了不弄脏自己的鞋子就站得更远，导致地面更脏，于是就有了类似"向前一小步，文明一大步"的宣传语，但收效甚微。其实，只要对它进行形态上的一点点变化，就可以改变人们的行为，解决这个一直困扰人们的社会行为问题。比如，德国的小便器设计，在小便器中间贴上一只以假乱真的苍蝇。小苍蝇会吸引注意力放松的人们，无形中使人集中精力去瞄准苍蝇，使其成为"射击"的目标，这样就减少了溅出的可能（图6-57（a））。类似地，2014年南非世界杯期间，上海一家商场的男厕所小便池内也出现了绿色的"草坪"和白色的"球门"，本来放置的白色清洁球则换成了黑白相间的足球模样，利用人的射门欲望，有效控制了尿液溅出（图6-57（b））。这些小改动改变了人们的行为，保护了公厕的环境卫生。

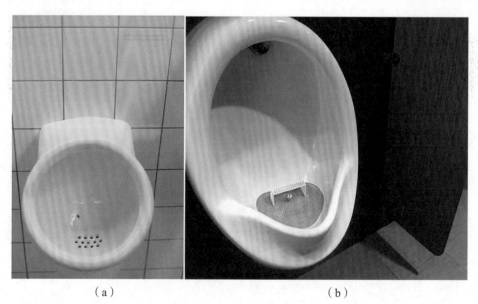

（a）　　　　　　　　　　　　　　　（b）

图6-57　男性公厕小便池

再比如，日本设计师坂茂设计的卷筒卫生纸（图6-58）是一个良好的形态引导行为案例。卫生纸由圆形改为方形，表面上看增加了人们使用产品时由形态的变化引起的阻力，制造了使用上的不便，但事实上，它能够通过拉动手纸时发出的"嘎达嘎达"声，引起人们的注意，提醒他们节约纸张，由此实现增强整个社会环保意识的目的。此外，这种形态上的改变，还能够通过更好的叠放方式，节省运输、存放等方面的空间与成本。

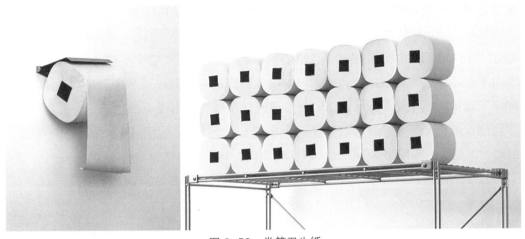

图 6-58 卷筒卫生纸

3. 交互界面

在现代生活和工作中，人们与设计的交互行为无处不在，如开车上班、用手机发邮件、用洗衣机洗衣服等，都是在交互过程中完成的。设计的交互界面作为用户与设计沟通的桥梁，起到用户与设计沟通交流的媒介作用。它表现的是设计对用户的适应性、用户对设计的主动性，需要以思维、意向为目的。它所体现的共同之处皆在避免用户与设计之间的鸿沟，建立用户与设计之间的友好界面。界面的职责就是为用户提供他们所需要的信息，引导用户方便、准确、迅速地完成任务。优秀的家庭影院电源开关与音量调节等控制设计，即使是一岁多的幼儿也能成功地进行播放与调节操作，正是得益于优秀的界面设计（图 6-59）。

图 6-59 家庭影院设备

也许每个人都有过这样的经历：面对新买的产品，欣喜地打开包装尝试使用的时候，却困惑于复杂的产品用户界面，不知如何操作，结果只好硬着头皮去啃厚厚的说明书。这样的问题正是由不良的设计交互界面所带来的。从某种角度来说，设计的交互界面就是向使用者传达信息，在与使用者的交流过程中帮助使用者达到特定目标。在设计过程中，设计人员应当很好地去定义设计的形式、功能、消费观念，让设计适应人，让设计愉悦人。

产品的交互界面设计在连接用户和设计之间的关系时所起的作用非常大。很多时候，这种用户界面的设计其实就表现在对设计的细节处理上。例如飞利浦公司于 1996 年推出的"philishave reflex action"剃须刀（图 6-60（a）），它的侧面与男性头颈部的侧面有着完美的一致性，调节开关的按钮正在男人的喉节处，按钮处有增加摩擦、便于推动的突起，明确地指示了产品的操作方式。飞利浦公司近年来在新款剃须刀的界面设计上，采用全新的防水 LED 设计和触摸式设计，通过交互界面的设计来引导人的行为，当剃须刀中的剃须残留物满的时候会提示用户及时清理，当充电结束时有图形及语音提示，在剃须刀不使用的时候有相应的保护装置（图 6-60（b））。

在细节方面精心处理的用户界面设计还有 IBM 公司生产的 ThinkPad 笔记本电脑上一触即发的小红帽（图 6-61）。镶嵌在 ThinkPad 键盘中央的 TrackPoint 代替了鼠标，实现鼠标的功能，已经成为 ThinkPad 笔记本电脑的象征，被诸多爱好者昵称为"小红帽"。它完全按照人机工程学原理设计，用户操作时手指不需要离开机体，点触即可调整光标走向，同时可以用来选择启动 TrackPoint 的滚动功能和放大显示功能，向下按压还能实现普通鼠标左键的单击或双击功能，使需要大幅度移动指针的操作和拖拽的操作都变得异常简单。虽然只是一个小红点，但它却凝结了各种精心设计，让操作更加舒适，改变了人的使用行为。这一设计成为日后众多品牌模仿的对象。

还有易拉罐的罐口设计也是成功的产品用户界面设计，它符合人的认知心理习惯和行为模式，不管是哪个国家，哪个民族，说哪种语言，无需任何的操作说明，都可以轻松解读其所表达的含义，并做到简易的操作（图 6-62）。

由此可见，对用户行为的研究是设计中重要的组成部分。设计要参照人的行为，但不是完全地依赖人的既定行为方式。优秀的产品可以通过更合理的设计，引导用户的行为，改变用户的行为。

（a）　　　　（b）

图 6-60　飞利浦剃须刀

图 6-61　ThinkPad 的 TrackPoint

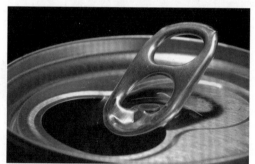

图 6-62　易拉罐的罐口设计

第**7**章 人机工程学的未来展望

人机工程学是一门综合性的边缘学科，与国民经济的各个部门都有密切的关系，其研究的领域和发展趋势也是多元化的。从诞生到现在的半个多世纪里，学科已经取得了长足的发展。在新的世纪里，计算机技术、信息技术、生命科学、心理学、工程科学和设计学等领域的迅速发展，为人机工程学提供了重要的理论基础和技术支持，同时也为人机工程学的研究带来了许多新的线索和发展。

7.1 学科总体发展的未来展望

7.1.1 与可持续发展结合

可持续发展观念是对工业文明，尤其是对 20 世纪文明进度反思的结果。所以，今后人机学的发展应当遵循可持续发展的理念，它不是科技层面、方法层面的理论，而是高层次上的设计伦理，是文明层面的理念，它要以人与自然保持持久和谐作为其理论和方法的前提。人机工程设计不再仅仅是创造对人们有用、好用、有市场竞争力的产品，而应该是对人类生态系统的规划。在设计好用产品的同时，全面考虑产品制造、使用和回收处理三大阶段的生态效应。符合可持续发展理念的新设计观通常称为"生态设计"或"绿色设计""可持续设计"，其内涵都是相同或相近的。

人机工程设计在可持续方面有以下几种设计准则和方法。第一，耐用，简朴。耐用的设计又称为长远设计或长寿命设计，明确要求摒弃流行式样的影响和抵制市场的压力，给用户提供产品长期维修的可能性。还主张采用模块化结构，使部件容易拆卸、转换。简朴的设计能引导消费者不追求过度华丽、过度包装的产品，减少产品繁复和不切实际的功效。第二，低耗，节能。减少不可再生资源的消耗量，减少高耗能材料的用量，使用可循环的再生材料，简易产品包装等。第三，环保。人机设计中结合环保观念的直接目标是减少废弃物，尤其是有毒有害的物质，促进资源的重复利用和再生利用（图 7-1）。

图 7-1 连接马桶的节水洗衣机

7.1.2　与认知心理学结合

　　怎样赋予科技产品良好的认知性和亲和力，让用户易于和产品沟通，发现产品的预设用途，是新世纪人机工程设计所面临的重要课题。传统产品的功能相对直观，易于认知。例如军用的战刀、农用的镰刀、家用的菜刀，根据刀体、刀刃、刀把，就能知道怎么使用（图 7-2~图 7-4）。进入电子时代后各种新型电子产品的最突出问题是如何识别像激光刀的结构。首先，人们不能从产品的外形获知产品的功能，从而产生了陌生感、距离感、冷漠感。其次，电子产品的使用过程几乎都是通过操作按钮和机器来完成，缺乏了使用者对往昔的生活经验、行为体验的联系，使人感到精神上的失落（图 7-5）。有研究认为，倘若这种趋势继续持续，将会对人类的基本生存能力和精神智力产生严重后果。

图 7-2　军用战刀

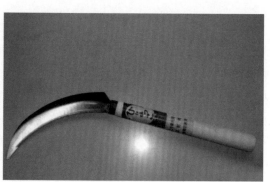

图 7-3　农用镰刀

图 7-4　家用菜刀

图 7-5　触屏家用电磁炉

　　由于人是人 - 机 - 环境系统的主体，只有深刻认识人在系统中的作业特性，才能研制出最大程度地发挥人及人机系统的整体能力的优质高效系统。人的认知心理运动作为人的一种输出形式，具有速度 - 精确度的折中关系，即目标拾取运动的完成时间与命中目标的精确度成反比。这种特性广泛存在于人的各种输出和其他控制系统中。

7.1.3　与健康行为方式结合

　　工业时代的社会变化比农业时代快。中国将从温饱过渡到小康阶段，而中国整体环境条件则存在能源、淡水等资源相对不足的问题。因此，为人们的衣、食、住、行、用提供怎样的设计将是一个重大的问题，这需要拥有社会责任感的设计师为此倾注心血。

　　科技迅猛发展加快了人们生活方式的改变，给设计开辟广阔前景的同时，也提出了更多挑战。科技和文明是把双刃剑，为人类带来福祉的同时，也可能给人类制造灾难。人机工程的目标是让人们"安全、舒适、高效"，设计师需要从更高的角度来把握其含义：生活美好，更有利于人们德、智、体的全面发展，才是合理的生活方式，应该在设计中把社会发展的正确导向、公众健康文明的生活方式和企业利益结合。

坚持人机学与健康行为方式结合有以下几个导向：第一，迎合社会变革中新需求的设计。在发达国家和我国发达地区，科技和社会发展给人机学提出了种种可能与机遇。以汽车为例，仪表显示、操作控制、安全、视野、驾驶环境、乘坐舒适性、驾驶者心理、驾驶与道路系统等，这些都是几十年来人机工程的热点（图7-6）。第二，避免关于"美好生活"人类思维的退化。一些发达国家中，加装"GPS车载导航仪"的私家车日趋普遍，GPS以图形的形式给驾驶人"指路"，哪怕是从未去过的，也可以轻松到达（图7-7）。但几年过去，人们惊讶地发现现代人的认路能力比以前大为降低，正成为生活中的"路痴"。第三，融合现代化、传统文化与文明的多样性。中国的水墨画与欧美的油画既有共同点又有相差的异趣，传统文化是一代又一代经历多年孕育而成、不可再生的历史珍宝。因此，在设计中传承民族情怀、体现传统文明和生活方式，是新世纪人机工程学应当关注的又一个发展方向。

图7-6　符合人机工程学的舒适座椅

图7-7　GPS车载导航仪

7.1.4　与数字技术紧密结合

随着计算机技术和网络技术的飞速发展，人机工程也逐渐步入数字化，无论是对于人机工程本身，还是对于人机界面设计，都拓展了研究领域、提出了新的研究课题。

计算机技术的飞速发展使人机学进入数字化的环境中。为了提高系统品质，在可利用性方面，数字化人机学分析方法也得到了重要的应用。传统的协调作用只考虑匹配分析，而不考虑产品使用或运作功能方面的协调问题。数字化技术的运用填补了这一空白，利用数字化人机学模型可以分析和协调各功能的交互作用与界面。计算机技术和网络技术，尤其是计算机图形学、虚拟现实以及高性能图形系统的发展，使人机工程不再局限于传统的数据累积、实验等应用范畴，而是充分利用计算机的高性能图形计算能力建立3D图形化、交互式并具有真实感的虚拟环境与仿真评价平台，并应用于空间站、航行器、舰船、车辆等的设计评价之中，成为产品生命周期中的一个重要环节，呈现出新的面貌。

数字化人机工程包含以下五个方面。第一，数字化的人体形态：从复杂性和结构两个方面改变人的模型。例如，人体肌肉骨骼动力学模型应该反映足够详尽的结构、形状和尺寸。第二，人机学建模：人机学建模技术可以扩展到产品设计阶段物理原型（样机或样品）的构造中。因为过去的传统产品设计工具限制了横向对比在设计中的应用。对于产品使用与维护所需的人机学数据或数字化图像，人机学模型与仿真软件可以为之提供要求的数据、姿态图和设计修改的辅助。同时，也可以为产品的使用与维护提供培训手段与环境。第三，人机工程分析系统：人机工程仿真系统通过构筑虚拟环境和任务，通过人体模特，进行动态的人机工程动作、任务仿真，可以满足不同人机工程应用分析的要求，实现与 CAD、CAE 等软件的有效集成（图7-8）。第四，人机工程咨询系统：人机工程咨询系统包括各个国别、年龄、性别的人体测量学数据，如英国 Open Ergonomics 公司开发的 PeopleSize 系统，美国的 Deneb 和 Transom 公

图 7-8　CATIA 软件中数字化人机工程分析[①]

司推出的 ERGO 和 Jack 人体模型系统，台湾"清华大学"和长庚大学等推出的台湾人体数据系统等。第五，人机工程评价系统：通过嵌入人机工程评价标准，基于运动学、生理学等模拟人的使用方式，实现工作任务仿真中的实时人体性能分析，其评价标准体系包括可视度评价、可及度评价、舒适度评价、静态施力评价、脊柱受力分析、举力评价、力和扭矩评价、疲劳分析能量消耗与恢复评价、决策时间标准、姿势预测等。

7.1.5　与智能系统结合

人机学的发展迫切需要智能技术的支持。人工智能从本质上说是利用计算机来模拟人的智能活动。因此，作为研究人的科学的人机工程学，在智能设计方面尤其是人和计算机一体化方面具有特殊的作用。这也是人机工程学发展的重要方向之一。

人机智能是着眼于发展人机结合的系统。在人机智能中不仅包含有计算机，更包含有人脑。它强调人脑与计算机结合，充分发挥计算机速度快、容量大、不知疲倦的特长和人脑擅长于形象思维的能力，使人脑和计算机成为一个相互补充的有机的、开放的系统。从某种意义上说，人工智能系统是一种很好的人机系统。

人机智能系统必须是一个自适应系统，它能连续自动地检测对象的动态特性，并能根据自身情况调节。它需要完成三个基本动作：辨识或测量、决策、调整。其中，针对对象的辨识或测量可以通过计算机及其相关设备在人的辅助参与下进行，人应当在决策过程中起主导作用并通过机器和人本身实现系统的自我调整。人在决策中的主导作用集中体现在对问题的归纳和对知识的推理及建模两个过程中，在这两个过程中计算机的作用是利用人工智能技术、决策支持技术等提供的方法对数据进行处理及分析，为人的决策起到良好的辅助作用。而人则利用计算机提供的资料并结合自己的经验得出结论，并通过计算机系统反馈信息调整系统状态，以达到适应环境的目的。

以上探讨分析了人机工程学在总体上的发展趋势，除了上述这些方面，学科内部的技术研究也有着非常关键的作用，对学科的未来发展有着重要的导向意义和参考价值。深刻认识人机工程技术在系统中的作业特性，才能在最大程度上发挥人机工程设计的整体能力。人机学学科中有很多相关问题需要运用人机工程技术来分析和解答，来获得最佳的人机交互，切实提高人机工效，从根本上推动人机工程的发展。以下对学科的这部分发展也作简单分析。

---

① 刘春荣. 人机工程学应用 [M]. 上海：上海人民出版社，2009.

7.2 当前人机工程技术研究的发展趋势

7.2.1 人机界面技术研究

在人机工程学中，人机界面是最重要的研究分支之一。它是指人机间相互施加影响的区域，凡参与人机信息交流的一切领域都属于人机界面。机器的各种显示都"作用"于人，实现机 - 人信息传递；使用者通过视觉和听觉等感官接受来自机器的信息，实现人 - 机的信息传递。人机界面的设计直接关系到人机关系的合理性。研究人机界面主要针对两个问题：显示和控制。通过三十余年的发展，人机界面已经成为一门以研究用户及其与计算机的关系为特征的主要学科。尤其20世纪80年代以来，随着软件工程学的迅速发展和新一代计算机技术研究的推动，人机界面设计和开发已成为国际计算机界最为活跃的研究方向。随着计算机技术、网络技术的发展，人机界面学会朝着以下几个方向发展。

第一，高科技化：信息技术的革命，带来了计算机业的巨大变革。计算机越来越趋向平面化、超薄型化，便捷式、袖珍型计算机的应用，大大改变了办公模式，输入方式已经由单一的键盘、鼠标输入，朝着多通道输入化发展。追踪球、触摸屏、光笔、语音输入等竞相登场，多媒体技术、虚拟现实及强有力的视觉工作站提供真实、动态的影像和刺激灵感的用户界面，在计算机系统中各显其能，使产品的造型设计更加丰富多彩，变化纷呈（图7-9、图7-10）。

图 7-9　超薄型电脑　　　　　　　　　　图 7-10　袖珍型电脑

第二，自然化：早期的人机界面很简单，人机对话都是机器语言。由于硬件技术的发展以及计算机图形学、软件工程、人工智能、窗口系统等软件技术的进步，图形用户界面（graphic user interface）、直观操作（direct manipulation）、"所见即所得"（what you see is what you get）等交互原理和方法相继产生并得到了广泛应用，取代了旧有"键入命令"式的操作方式，推动人机界面自然化向前迈进了一大步。然而，人们不仅仅满足于通过屏幕显示或打印输出信息，进一步要求能够通过视觉、听觉、嗅觉、触觉以及形体、手势或口令，更自然地"进入"到环境空间中去，形成人机"直接对话"，从而取得"身临其境"的体验。

第三，人性化：现代设计的风格已经从功能主义逐步走向了多元化和人性化。今天的消费者纷纷要求表现自我意识、个人风格和审美情趣，反映在设计上亦使产品越来越丰富、细化，体现一种人情味和个性。一方面要求产品功能齐全、高效，适于人的操作使用，另一方面又要满足人们的审美和认知精神需要。现代计算机设计，已经摆脱了旧有的纯机器味的淡漠。坚锐的棱角变得圆滑、单一的颜色不再一统天下；机器更加紧凑、完美，被赋予了人的感情（图7-11）。软件界面中颜色、图标的使用，屏幕布局的条理性，软件操作间的连贯性和共通性，都充分考虑了人的因素，使之操作更简单、友好（图7-12）。目前，人机交互正朝着从精确向模糊、从单通道向多通道以及从二维交互向三维交互的方向转变，发展用户与计算机之间快捷、低耗的多通道界面。

图7-11　现代计算机的设计

图7-12　软件界面操作

第四，和谐的人机环境：国外一些大公司如IBM、微软等在中国国内建立的研究院大多以人机接口为主要研究任务，尤其是在汉语语音、汉字识别等方面，如汉语识别与自然语言理解，虚拟现实技术，文字识别，手势识别，表情识别等。我们应该在人机交互方式技术竞争中，特别是在人机界面的优化设计、视觉-目标拾取认知技术等方面取得主动权。今后计算机应能听、能看、能说，而且应能"善解人意"，即理解和适应人的情绪或心情。未来计算机的发展是以人为中心，必须使计算机易用好用，使人以语言、文字、图像、手势、表情等自然方式与计算机打交道。

7.2.2　运用视觉认知技术研究

眼睛是心灵的窗户，透过这个窗口人们可了解人的许多心理活动。人类的信息加工在很大程度上依赖于视觉，来自外界的信息有80%~90%是通过人的眼睛获得的。眼动的各种模式一直与人的心理变化相关，对于眼球运动即眼动的研究被认为是视觉信息加工研究中最有效的手段，吸引了神经科学、心理学、工效学、计算机科学、临床医学、运动学等领域专家的普遍兴趣，其研究成果在工业、军事、商业等领域得到广泛应用。

在视觉目标拾取认知技术科学研究中最为重要的问题就是人对信息流的获取（输入）和信息流的控制（输出）这两个问题。据研究，人对外部信息流的获取有80%是通过视觉获得的。由于视觉的重要性，有关视觉-眼动系统的研究始终是科学界关注的问题之一，其中有关人眼的搜索机制早就引起了神经病学家、眼科学家、生理学家、解剖学家以及工程师们的极大兴趣，特别是近年来，世界各国对视觉-眼动系统的研究越来越多，NASA、哈佛、麻省、剑桥、牛津等著名科研机构或大学都设有专门的视觉-眼动系统研究部门。而人对外部信息流的控制主要是通过手、脚、口等效应器官进行的，其中研究人的目标拾取运动这一基本、重要的作业运动形式，可以为人机界面系统的设计、评估、操作提供量化的理论依据和理论指导。因此，该研究具有很好的工程应用价值，并一直是工效学、心理学、生理学等学科的研究热点。

近年来，随着计算机及人机界面技术的发展，眼动仪在人机界面设计上受到高度重视。美国空军最早在新的人机交互设计中运用视觉追踪技术，最初的主要目的是要把视觉追踪用于战斗机座舱的设计。这一领域的深入研究表明，视觉追踪技术不但可以用于战斗机座舱的设计，而且还可以运用视觉追踪技术，把人眼作为计算机的一种输入工具，形成视觉输入人机界面。另外，日本的ATR

通信系统研究实验室和东京工业大学已将眼动测量用于对虚拟现实的研究，有效地解决了大的视场和高精度的图像显示之间的矛盾。随着高性能摄像机的出现和图像处理技术的发展，眼动仪将朝着高精度、高实用性和低成本的方向发展。

国内对视觉测量的研究起步始于20世纪70年代末、80年代初。一般都是引进国外设备进行实验研究，西安电子科技大学在自主开发研制眼动仪样机方面做了很多工作。北京航空航天大学人机环境工程研究所20世纪90年代末开展了飞机座舱人机界面评价实验台的研制，利用视觉与眼动系统分析控制面板仪表布局是研究内容之一。如何建立人的目标拾取运动过程中实用、精确的速度 - 精确度折中关系理论模型是研究的主要任务。

人机工程学研究的是人机环境系统，它是涉及系统学、大系统学、生产系统学、管理技术学等新兴学科的交叉性学科；人机工程学也涉及环境科学中研究环境因素对人类机体的影响这个分支，它应用人类学、劳动生理学、劳动心理学、人体测量学、人体形态学、人体力学、人体解剖学、医学、统计学、数理化和电子学，以及工程技术和设计学领域的成就，来研究劳动如何才能最适合于劳动者，使劳动者消除劳动时的精神紧张，减轻劳动强度，安全、健康、高效率地进行劳动。所以，人机学日益被人们重视，它将是劳动保护、安全技术与劳动卫生领域中的一次革命，并且造福于全人类！

参 考 文 献

[1] 阮宝湘.人机工程学 [M].北京：机械工业出版社，2009.

[2] 张帆.人机工程设计理念与应用 [M].北京：中国水利水电出版社，2010.

[3] 丁玉兰.人机工程学 [M].北京：北京理工大学出版社，2011.

[4] 刘春荣.人机工程学应用 [M].上海：上海人民出版社，2009.

[5] 王继成.产品设计中的人机工程学 [M].北京：化学工业出版社，2004.

[6] 何晓佑，谢云峰.人性化设计 [M].南京：江苏美术出版社，2001.

[7] 张凌浩.产品的语意 [M].北京：中国建筑工业出版社，2005.

[8] 诺曼.设计心理学 [M].北京：中信出版社，2010.

[9] 刘峰，朱宁家.人体工程学 [M].沈阳：辽宁美术出版社，2005.

[10] 吕杰锋，陈建新，徐进波.人机工程学 [M].北京：清华大学出版社，2009.

[11] 何灿群.产品设计人机工程学 [M].北京：化学工业出版社，2006.

[12] 诺曼.情感化设计 [M].北京：电子工业出版社，2005.

[13] 范圣玺.行为与认知设计 [M].北京：中国电力出版社，2009.

[14] 赵江洪，张军，龚克.第二条设计真知——当代工业产品设计可持续发展的问题 [M].石家庄：河北美术出版社，2003.

[15] 罗盛，胡素贞，文渝.人体工程学 [M].哈尔滨：哈尔滨工程大学出版社，2014.

[16] 胡海权.工业设计应用人机工程学 [M].沈阳：辽宁科学技术出版社，2013.

[17] 李彬彬.设计心理学 [M].北京：中国轻工业出版社，2001.

[18] 高凤麟.人机工程学 [M].北京：高等教育出版社，2009.

[19] 赵江洪.人机工程学 [M].北京：高等教育出版社，2006.

[20] 杨明洁.以产品设计为核心的品牌战略 [M].北京：北京理工大学出版社，2008.

[21] 阮宝湘，邵祥华.工业设计人机工程 [M].北京：机械工业出版社，2005.

[22] 戴吾三.考工记图说 [M].济南：山东画报出版社，2003.

[23] 赵江洪，何灿群，周玲.人体工学与艺术设计 [M].长沙：湖南大学出版社，2004.

[24] 柴春雷，汪颖，孙守迁.人体工程学 [M].北京：中国建筑工业出版社，2007.

[25] 谢庆森，牛占文.人机工程学 [M].北京：中国建筑工业出版社，2005.

[26] 周一鸣，毛恩荣.车辆人机工程学 [M].北京：北京理工大学出版社，1999.

[27] 宋应星.天工开物记译注 [M].上海：上海古籍出版社，1993.

[28] 赖维铁.人机工程学 [M].武汉：华中工学院出版社，1983.

[29] 严扬，王国胜．产品设计中的人机工程学 [M]．哈尔滨：黑龙江科学技术出版社，1997．

[30] 董士海，王衡．人机交互 [M]．北京：北京大学出版社，2004．

[31] 罗仕鉴，朱上上，孙守迁．人机界面设计 [M]．北京：机械工业出版社，2002．

[32] 周美玉．工业设计应用人类工效学 [M]．北京：中国轻工业出版社，2001．

[33] 郭青山，汪元辉．人机工程设计 [M]．天津：天津大学出版社，1994．

[34] SANDERS M S，McCORMICK E J．工程和设计中的人因学 [M]．英文版 .7 版．北京：清华大学出版社，2002．

[35] MARCUS A, GOULD E W.Crosscurrens: cultural dimensions and global web user-interface design[J]. Interactions, 2000(4): 32-46.

[36] BLACKLER A, POPOVIC V, MAHAR D. The nature of intuitive use of products: an experimental approach[J]. Design Studies, 2003(24): 491-506.

[37] DIX A, FINLAY J, ABOWD G, et al. Human-computer interaction[M].2nd ed. San Antonio TX: Pearson Education Limited, 1998.

[38] RASMUSSEN J. Information processing and human-machine interaction : an approach to cognitive engineering[M]. North-Holland, NY: Elsevien Science Publishers, 1986.

[39] GRANDJEAN E. Ergonomics in computerized offices[M]. London: Taylor & Francis, 1987.

[40] DREYFUSS H. Designing for people. New York: Allworth Press, 2005.

[41] KLEINER B M. Macroergonomics analysis of formalization in a dynamic work system[J]. Applied Ergonomics in Manufacturing, 2004, 14(2): 99-115.

[42] GURR K, STRAKER L, MOORE P. Culturral hazards in the transfer of ergonomics technology[J]. International Journal of Industrial Ergonomics, 1998(22): 297-404.

[43] BURGESS J H. Human factors in industrial design: the designer's companion. Blue Ridge Summit: TAB Books Inc., 1989.

[44] GLOSS D S, et al. Introduction to safety engineering[M]. New York: Wiley, 1984.

[45] SANDERS M S, et al. Human factors in engineering and design[M]. New York: McGraw-Hill,1985.

[46] WODSON W E. Human factors design handbook[M]. New York: McGraw-Hill, 1981.

[47] TILLY A R, ASSOCIATES H D. The measure of man and woman-human factors in design[M]. New York: Wiley, 1993.